ちくま文庫

教養としてのワインの世界史

山下範久

JN166071

筑摩書房

開講にあたって

みなさん、こんにちは。今回から「ワインで考えるグローバリゼーション」と題して、講義をします。タイトルから明らかですが、講義の主題はグローバリゼーションです。今日、グローバリゼーションという言葉は、もう新しい言葉ではありません。しかし、人々がものを考えるときに、しっかりと手になじんだ道具のように使える概念になったのかというと、そういうわけでもなさそうです。

それには大きく二つの理由がありそうです。一つは、グローバリゼーションという言葉が普及する過程で、およそ身の回りで起こっていることがなにもかもグローバリゼーションと結びつけて語られるようになったため、いわばグローバリゼーションという言葉が空気のような存在になってしまって、特に分析的な価値をもたなくなったということです。「テロは怖いねえ」「グローバリゼーションだね」「景気が悪いねえ」

「グローバリゼーションだね」「天候が不順だねえ」「グローバリゼーションだね……」といった具合です。

もちろんテロの背景にも、金融危機や雇用不安の背景にも、地球温暖化の背景にもグローバリゼーションはかかわっていますが、そもそもグローバリゼーション自体がどういう歴史的文脈から立ち上がってきたのか、そしてグローバリゼーションにともなうさまざまな変化がどのような構造で連関しているのかを問わなければ、グローバリゼーションという言葉はむしろ思考を停止させてしまいます。

もう一つの理由は、グローバリゼーションという言葉が、なんらかのイデオロギー的な主張と結びつけて語られやすいということです。「グローバリゼーションの時代なんだから、とにかく市場の論理には逆らえないんだ」とか、逆に「グローバリゼーションによって資本主義はついにその限界を露呈した」とかいった語られ方のなかである種の不可避性というか、オルタナティヴのなさを説得するレトリックとして用いられやすいのです。

いずれにせよこういったかたちでの言葉の乱用は、言葉自体の価値を激しく目減りさせます。結果としてグローバリゼーションについて論ずるということにすこし食傷のムードがあるのも事実だろうと思います。

しかし、だからといって、長期的な歴史的変化の文脈においてはじめて意味をもつようなおおきな、深い変化への関心が、そういったムードと一緒に流し去ってしまわれるのは、あまり好ましいことであるとは私は思いません。ただ逆にグローバリゼーションの概念そのものを相手にしようとすると、いま述べたような思考停止やイデオロギー的主張に流されてしまいやすいのもたしかです。なにか工夫が必要なのです。この講義は、グローバリゼーションについてリアルに考えるための一つの導入的視角として、ワインという具体的なモノに注目してみたいと思います。モノの視点から入ることで、一方でグローバリゼーションを抽象的な概念の水準で思考を停止させることを避け、また他方で特定のイデオロギー的主張にグローバリゼーションのリアリティを還元することも避けやすいのではないかというもくろみです。

このもくろみを踏まえて、この講義は、おおきく三部構成をとりたいと思います。第一部は「ワインのグローバル・ヒストリー」と題しました。まず長期的な歴史的過程としてのグローバリゼーションについて、人類史のなかのワインという視点からお話ししたいと思います。続いて第二部は「ワインとグローバリゼーション」と題しました。ここでは、第一部の歴史的前提をうけて、普遍性／画一性と個別性／多様性との相互作用としてのグローバリゼーションが、ワインという鏡に映されると具体的にはどのようなかたちで現れるのか、についてお話しします。

最後に第三部は、ちょっと気取って「ポスト・ワイン」と題しました。別にワインがなくなってしまうといったようなことを論じたいのではありません。ただワインとはこういうものなのだという思い込みのいくつかを解除すべき時期にきていることをお話しします。具体的には、ワインのつくり手と飲み手とのあいだの関係にある種の共同性を再構築する契機として、現在のグローバリゼーションを考えなおしてみたいと思います。

これら三つのパートに対応する三つの大論点は、特にワインというモノを介さず、まともに歴史社会学の――いちおう私は「歴史社会学者」を自称しておりますので――理論的分析として論じうるものではありますが、ワインというモノを介して論ずることで、よりくっきりとした像を結ぶと、私は期待しています。

というのも、まず第一部の論点についていえば、ワインは、ブドウの生育地の広さ、醸造の容易さ、飲酒の普遍性(俗に「お酒のない文化はない」ともいいますよね)や特にキリスト教と結びついた象徴性といった条件がそろっていて、ローマ帝国の拡大、前近代の東西交流、大航海時代、植民地主義、アメリカのヘゲモニー、そして今日のいわゆるグローバリゼーションといった世界史的な交通空間編成の変容を強く刻印されているからです。したがってワインというモノは、長期的な歴史的過程としてのグローバリゼーションを見通すに適した視点を提供してくれます。また特にワインとヨーロッパとの結びつきの強さは、ヨーロッパ中心主義的な世界史観を考えなおすうえでも意味をもちます。

次に第二部の論点についていえば、ワインの伝播《でんぱ》は、一面で「文明」から「野蛮」へ向かっての一方的な輸出現象に見えながら、他方で多様な食文化や生態的条件との接触によって、ワインのモノとしてのあり方は、インタラクティヴに変化しています。具体的には、このあとの各回の講義で触れますが、たとえばローマ帝国とガリアの人々との接触は、ワインと樽《たる》との出会いでもありました。アメリカ大陸の発見はヨーロッパにフィロキセラ禍を招き、ブドウ栽培地図を一変させました。

現在に目を転ずれば、一方では、世界中（インドやタイでも、そしてまたもっと多様であったフランスやイタリアでも）で「グローバル品種」とよばれるカベルネ・ソーヴィニヨンやシャルドネの生産がおこなわれ、ワイン市場の画一化が進む半面、醸造過程の工業化や化学肥料の導入以前の技術や伝統的な土着品種によるワインづくりへの回帰を標榜《ひょうぼう》する動きがヨーロッパの伝統産地のみならず、新興産地においても見られます。この意味で、普遍性と個別性の相互作用、画一化と多様化の同時進行としてのグローバリゼーションに対する視角もまた、ワインというモノの観察を通じて、よりリアルに描かれることになるでしょう。

そして第三部の論点に関連していえば、ワインは一方でグローバル商品として広い市場を流通する普遍性をもったモノでありながら、他方で、高級品になればなるほど熟練労働に依存する性質があり、また土地の個性がモノ自体の質に反映されていることを付加価値として直接に評価する文化的枠組みを有しています。またワイナリーは、単にそこからワインが出荷される場ではなく、むしろそのワインに愛着をもつ消費者が訪れる場でもあり、単なる観光資源として以上の潜在的な価値を有しています。こういったことから、ワインは、グローバリゼーションという圧倒的な流動化の趨勢《すうせい》のなかで、一定の共同性に根ざした生を創《つく》り出す仕掛けの一つのモデルとしておおきなポテンシャルをもっているのではないか、という実践的な作業仮説も導かれます。ワインというモノから、グローバリゼーションを前提として構築されるべきライフスタイルについても考えてみたいと思っています。

さて、以上が、本講義のおおまかな目的と構成です。なにしろタイトルが「ワインで考えるグローバリゼーション」ですから、この教室に座ってらっしゃるみなさんは、少なくともワインかグローバリゼーションかのどちらか、あるいはその両方に関心は抱いていらっしゃることと思います。なかには、そのいずれか（あるいはその両方？）のプロだという方もおられるかもしれません。

ですが、本講義は決してワインについての専門的あるいはマニアックな知識は前提としません。また社会科学についての専門的な知識も前提とはしません。むしろできるだけベーシックなツールだけで、私の考えをお伝えしたいと思っています。

さあ、今回はイントロですから、これくらいで切り上げましょう。次回からさっそく第一部の議論に入っていきます。それでは来週のこの時間にまたこの教室で。受講登録を忘れないようにしてくださいね。

編集部注・今回、文庫化に際し書名を「教養としてのワインの世界史」と改めましたが、講義名「ワインで考えるグローバリゼーション」は本文中そのままとしました。

教養としてのワインの世界史　目次

編集協力　今井章博

教養としてのワインの世界史

第一部　ワインのグローバル・ヒストリー

第一講　モノから見る歴史

モノの可変性

これから実質十三回にわたって、ワインというモノを通してグローバリゼーションについてお話ししたいと思います。目次で示したとおり、全十三回のうち、第一部を構成する最初の五回は、長期的な歴史的過程としてのグローバリゼーションをワインというモノから見ていきます。

歴史書を読むのがお好きな方ならば、「モノから見る歴史」というのが、すでに一つのジャンルとなっていることに気づいていらっしゃることでしょう。「茶から見た歴史」「馬から見た歴史」「ジャガイモから見た歴史」「時計から見た歴史」「コーヒーから見た歴史」などなど、名作、佳作がいくつも思い浮かびます。本書もあやかりたいものです。

「モノから見る歴史」に名作、佳作が多いのは、もちろん具体物を通じて生き生きとした歴史への想像力がかきたてられ、その分広い読者に訴えるからでもありますが、より本質的には、それが次の二つの点で通常書かれる歴史の盲点を突くからです。それは、モノの可変性とモノの能動性です。順に説明しましょう。

まずモノの可変性です。私たちは、いろいろなモノに囲まれて暮らしています。そして、私たちにとって身近なモノであればあるほど、そのモノがそのようなカタチをしていて、私たちが使っているような使われ方をすることが、当たり前であるように考えがちです（もっと正確にいえば、それが当たり前でないかもしれないなどという考え自体が浮かんでくるきっかけがありません）。しかし、たとえばチベットではお茶といえば、お茶の葉を煉瓦のように固めたものを削ってお湯で溶かし塩とバターを入れて飲んできたといった話を聞いたり、戦国時代の日本列島にいた馬はおおむね今日なら観光地で馬車を曳いているような駄馬であって、時代劇に出てくるようなスラリとしたサラブレッド馬が合戦場に現れることなどありえなかったといった話を聞いたりすると、「ヘェー」と思いますよね（私は思いました）。もちろん、「そんなこと知っとるわい」という教養豊かな方もいらっしゃるでしょうし、「ところ変われば品変わる」ともいいますから、こういったことに動じない方もおられるだろうとは思いますが、重要なことは、ある程度長い時間的枠組みを超え、あるいはある程度広い空間的枠組みを超えると、たいていのモノは、その「当たり前」さを失う（少なくとも「当たり前」度が下がる）ということです。

簡単な例を挙げるなら、古代のエジプト人やギリシア人は、ワインをたいてい水で割って飲んでいました。宴会に出す上等なものでさえです。これは今日ではちょっと考えられないことです。「ギリシア人のまねをするのだ」といって、ロマネ・コンティの水割りを出されたら、私はかなり取り乱してしまいそうです。

もうすこし含蓄のある例も挙げてみましょう。たとえば今日、ワインの風味を語るときに「樽」の香りに触れないわけにはいきません。ワイナリーのパンフレットなどで、よくシェ（貯蔵庫）にずらりと並ぶ樽の写真が使われていますよね。あれは発酵後のワインを樽のなかで熟成させているわけですが、樽の材料になっている木——一般にオーク（樫《かし》）といわれていますが、厳密にはミズナラの木であることが一般的です——には、ラクトン（ココナツのような香りがします）やヴァニリン（その名のとおりヴァニラのような甘い香りがします）のような成分が含まれており、熟成に樽、特に新品の樽を使うと、その香りがワインに移ります。また通常、樽は、その内側を焦がして使うので、それに由来するロースト香もワインに移ることになります。このような甘い香りやこうばしい香りは、基本的にはワインをリッチにします。もちろん何事もバランスが大事なので、もとがシャビシャビに薄いワインを、やみくもに新樽で熟成させても樽くさいばかりです。もとのワインに豊かな果実の力があってこそ、樽の香りとの相乗効果が生まれます。

そんなわけでワインのつくり手たちは、つくるワインのスタイルに合わせて、たとえば全量の半分とか三分の一だけを新樽で熟成するというふうに新樽と古樽の比率を調整したり、樽のロースト加減――ワイナリーは樽製造業者に樽の内側の焦がし加減（たとえば「ミディアム・ロースト」とか）を指定して注文します――を決めたりして、ベスト・バランスを目指します。またコンクリートの醸造槽やステンレスの醸造タンクを使ってマスト（ブドウ果汁）を発酵させ、樽を使わずに熟成されるワインもあり、そういうスタイルのワインのなかにも素晴らしいものはいくらでもあります。

ただ、果実のパワーと凝縮感をそなえたワインに、新樽のリッチで甘い香りやスパイシーでこうばしいロースト香が渾然《こんぜん》と溶け合ったときの、脳天を直撃するようなおいしさは、ほとんど生理的に拒みきれないものがあります。また、いやらしい話ではありますが、樽はたいへん高価なので、発酵や熟成のために新樽をふんだんに使ったワインは、単純に原価を積み上げるだけでもかなり高価になります。実際、（本書のあとのほうでまた詳しく取り上げますが）ワインの格付け雑誌のようなところで高得点を挙げ、高値で取引されるワインには、右に書いたようなパワフルで樽の利いたワインが多いのです。すると不思議なもので、ある程度ワインを飲みつけてくると、ワインを一口飲んで樽の香りがするだけで、「このワインは高いゾ」→「このワインはおいしいゾ」という反射が形成されたりもします。

さらにいえば、この逆をとって、ワインに樽の香りをつけるためだけに、樽をつくるときに出る切れ端を裁断したもの（オークチップといいます）を、巨大なだしパックのような袋につめたものもすでに広く使われています。別に高価な新樽を買わなくても、このオークチップのだしパックをタンクのなかのワインに浸しておけば、しっかりと樽の甘い香りがつくという寸法です。日本で千数百円程度で売られているワインから、はっきりとしたヴァニラ香が感じられるなら、それはほぼまちがいなくオークチップを使ったワインだと考えてよいと思います。

ローマ帝国とワイン

話がすこしそれましたが、このように樽の話をしだせばキリがないくらい、ワインにとって樽が切り離せないものだということはおわかりいただけたと思います。いわばワインと樽の関係は、今日の私たちには「当たり前」というか、自然な結びつきのように見えます。たしかにワインと樽との歴史は短くはありません。しかしだからといって、ワインの歴史の最初から切っても切り離せないものだったわけではないのです。

なぜなら古代のローマ帝国がガリア（現在のフランス）の征服事業に乗り出すまで、

ワインの保存には素焼きのつぼが使われてきたからです。そもそも古代のローマ人は、ガリアの人々に出会うまで、樽というモノ自体を知りませんでした。ローマ人がワインの容器として使った素焼きのつぼはアンフォラとよばれ、大きいものでは大人の背丈くらいの高さのある大きなつぼです。底がとがっていて、肩のあたりに出っ張りがあるかたちをしています。地面に穴を掘って、とがった底のほうを差し込むことで固定して、ワインなどの液体の保存に用いられました。

ローマ時代の居酒屋の遺跡（Johnson, 1992）

当たり前ですが、ローマが都市国家から帝国へと成長する過程は、一連の征服事業の過程でした。要するに戦争です。海外派兵です。そして兵隊には酒が必要です。驚くなかれ、ローマ人は遠くの戦地へも、このアンフォラにワインをつめて運びました。大人の背丈ほどもある素焼きのつぼ（しかも底がとがっていて自立しません）にワインをいっぱいにつめて運ぶのですよ。重いし、割れるし、さぞたいへんだったろうと思います。もちろんある程度以上内陸に運ぶ際には、おそらく革袋につめなおして役畜に運ばせたでしょうが、と

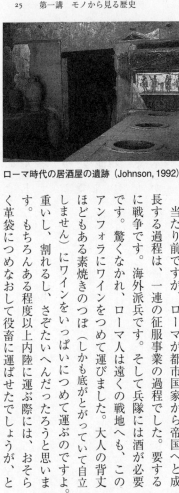

もかく、水路で行けるところとその周辺まではアンフォラで運んだのです。ローマ軍がガリアに侵攻する際のルートとなったローヌ川やジロンド川に沿う地域からは、ローマ時代と推定されるアンフォラの破片が無数に出土しています。

しかしある時期を境にアンフォラの出土例はパタリとなくなってしまいます。それはローマ人が樽を知ったからです。彼らに樽の存在を伝えたのはガリアの人々でした。ガリアの人々は麦原料の醸造酒を飲んでいました。エールといいます（ビールに近いといえば近いですが、ホップがないので私たちが普通にビールだと思うものとは違う飲み物だと思っておいたほうがよいでしょう）。そしてそのエールの容器として彼らは木製の樽を使っていました。灌木《かんぼく》しか生えない地中海世界とちがって、ガリアの地には森林資源が豊富でした。

容器としてのとりまわしの便利さからいえば、アンフォラに対する樽の優位は明白です。したがってローマ人が樽を取り入れたのは、当然の合理的選択、ある種の必然的進歩のように捉えられなくもありません。ですが私は、それほど単純なものでもなかったのではないかと思います。ローマ人から見れば、ガリアの人々は文明を知らない野蛮人でした。樽は野蛮人の道具なのです。たしかに便利さには抗しがたかったかもしれませんが、樽の臭いのついたワインを、彼らが最初から喜んで受け入れたかどうかは疑問です。多くの場合、人は食べ物や飲み物に関して保守的です。見知らぬ土地で、飲んだことも食べたこともない、見たことも聞いたこともない異様なものを口にするには、それなりの精神力というか教養というか、すこし大袈裟にいえば、一種の倫理としてのオープンマインドを要求します。それが異文化や他者への敬意を含むからです。

ひるがえってローマ人です。文明人を自任する彼らが、「野蛮人」と見下すガリアの人々の道具に由来する嗅覚《きゅうかく》を最初から尊んだとは、やはり思いにくく感じられます。ガリア人に対する偏見を別にしても、樽を用いてワインの風味を増すノウハウはもちろん、そもそも「樽の良い香り」の観念自体がないわけですから。もちろんローマ人にも好奇心の旺盛《おうせい》な人はいたでしょう。蓼《たで》食う虫ともいいますから、好みもさまざまでしょう。そしてなにより戦争も一つのコミュニケーションである以上、征服事業の進行とともにガリア人に対するある種の理解や敬意さえ芽生えたとしてもおかしくはありません。そこから技術や文化の相互浸透もあったでしょう。ですが、ローマ人にとってワインを樽につめるということが、彼らにとってそれまで長い間親しんできた（次回で触れますが、ワインはローマ人の発明でもなんでもなく、彼らにさかのぼること何十世紀も前に端を発し、コーカサスの人々、東地中海の人々、エジプトの人々、そしてギリシアの人々を経て彼らにもたらされたものです）、すこし乱暴ないい方をすれば、彼らにとって歴史を超えた「自然」なワインのあり方を変えることだったとは否定できません。つまりワインというモノに関する「当たり前」が変わったのです。これがモノの可変性です。

モノの能動性

さてモノの可変性の話はこれくらいにして、能動性の話もしておかなくてはいけません。ちょっと哲学的な議論で私にとっても簡単な話ではないのですが、がんばってわかりやすく説明したいと思います。

私たちは、なにかある現象を説明するときに、ほとんど無意識的に、ヒトとモノとを区別しています。そしてなにか能動的な行動をヒトに、受動的な反応をモノに割り振って、その現象を記述します。たとえば人間が化石燃料を使いすぎた結果、温室効果ガスが大量に発生して、地球温暖化という現象が起こっているという具合です（後の章で触れますが、実はワインにとっても温暖化は大問題だと考えられています）。もちろん温暖化は「地球の意志だ」とか、「地球からの警告だ」とかいういい方もなくはないですが、それはふつうあくまで思想的・倫理的な表現か、ある種の比喩（擬人的な！）であって、大雑把には真理であることを認める場合でも、あまり科学的だとは捉えられていません。まして二酸化炭素のような温室効果ガスになにか意志があって増殖しているなどという発想はほとんどまともにはとりあわれないでしょう（もしそれが本当なら、なんとか二酸化炭素を説得して増殖をやめてもらうべきなのかもしれませんが）。やはり、人間の能動的で主体的な（したがって根本的には自由な）行動が原因で、それに対する受動的で客体的な（したがって自動的で必然的な）反応の帰結として温暖化という現象が起こっているというのがふつうの説明です。そうであればこそ、人間が自らの意志で温室効果ガスの排出を減らす努力なり工夫なりをしないといけないというふうに議論されているわけです。

「なにを当たり前のことをクドクドと」と、お思いかもしれません。しかし、そういう人間はどの程度本当に「自由な意志」で行動しているのでしょうか。人間も環境に適応して生きていかなければならない以上、ある程度までは動物である面があるはずです。

こういう実験があります。いろいろな形の取っ手がついたドアを用意し、被験者に「こちらから、あのドアを開けて、向こうの部屋へ入ってください」と指示して、ドアの向こう側の部屋に行ってもらいます。ドアは、押しても引いても開くようにとりつけてあるのですが、被験者には、その点についてはあらかじめなにも伝えられていません。そのうえで観察者は、被験者のひとりひとりがドアを押して開けるか引いて開けるかを観察します。いろいろな形の取っ手のドアでこの実験を行うと、面白いことに、ある形のドアでは圧倒的に押して開ける人が多く、別の形のドアでは圧倒的に引いて開ける人が多いといったことが起こります。

話を聞くとたしかにそういうことはありそうだなと思うのですが、問題はこのとき人間はどれくらい主体的なのか、ということです。もちろんドアの取っ手になにか意志があるわけではありません。ドアを押すか引くかは、あくまで人間の行動ではあります。しかし、ドアが特定の形態を与えられていることで、(押すとか引くとかいった)特定の人間の行動が引き出されているのだとすると、そこではむしろドアというモノのほうが能動的で、人間は――受動的とはいえないまでも――ドアというモノに働きかけられて行動しているということになるのではないでしょうか。

しかしそれならば、ドアの取っ手の形態がどうあれ、アメリカ人は常にドアを押して開け、日本人は常にドアを引いて開けるという結果になってもよさそうなものです。(1)しかし実験が示唆しているのは別のこと、つまりドアを押して開けるか引いて開けるかのイニシアチヴは、その動作をおこなう人間の側よりもむしろドアの形態のほうにあるということなのです。

生態心理学の専門家は、これを「特定のドアの形態が、押す（あるいは引く）という行動をアフォード（afford）した」と表現し、外的環境が特定の人間の行動を引き出すことを「アフォーダンス（affordance）」という概念で捉え、環境に適応する存在としての人間の行動の問題を研究しています。たとえば紙の束を綴じてつくられた本というモノは、図書館においてあれば、たぶん「読む」という行動をアフォードするでしょうが、無人島では飯炊きの焚《た》きつけとして「燃やす」という行動をアフォードするかもしれません。自宅の居間でならば、ちょっと薄いですが昼寝の枕として「頭を乗せる」という行動をアフォードするかもしれません。

人間と環境

さて、ワインです（いつまでもドアの話をしていたら、みなさん、教室で寝てしまいそうですからね）。当然ですが、ワインは人間がつくるものです。しかし、そのワインのもとになるブドウの性質、そのブドウが生育する気候や土壌といった環境、醸造に利用する設備のための素材など、ワインをつくる人間が全面的には制御できない要素がいくつも介在しています。実際、先ほど触れましたが、たとえば森がないところで樽にワインをつめるという行動はアフォードされにくいでしょう。イタリアのシチリア島で繊細なピノ・ノワール種のワインはちょっと無理でしょうし、ドイツのモーゼルで濃厚なカベルネ・ソーヴィニヨン種のワインもいまのところ期待できそうにありません。もちろん今日では、いわゆる「新世界」はもとより、たとえばタイやインドといった、これまでのイメージではとてもワインづくりとは結びつかなかった地域にもワインの生産は拡大しています。そこに、流通の発達やいくつかの技術革新が寄与していることはたしかですが、それとても、そこにワインづくりをアフォードする環境があっての話です。ヒマラヤのネパールや太平洋に浮かぶ（近年の海面上昇で「沈む」といったほうがいいかもしれませんが）ツバルではワインはつくられていません。

誤解しないでいただきたいのですが、私は人間が自然環境の奴隷だなどといったことがいいたいのではありません。人間は、自然環境を利用もし、破壊もし、また共存もします。ただ、アフォーダンス的に考えることで、私たちが楽しんでいるワインが、所与の環境に人間が適応を繰り返していった結果として現在のかたちになっていったということが、よりはっきりと見えるようになるといいたいだけです。

さらにまた誤解しないでいただきたいのですが、私は人間が歴史の操り人形だなどといったことがいいたいのでもありません。歴史のなかの主体性は人間が独占しているわけではないにせよ、人間を排除するものでもありません。ただ、私たち（特に「近代」を生きていると思い込んでいる私たち）はあまりにもしばしば、人間はまっさらの空間に歴史をつくるのではないということ、逆にいえば「まっさらの空間」だと思いこまれている世界はしばしば特定の（自然的・歴史的）環境を前提としているということに鈍感です。モノの能動性という観点は、そのことに対する反省を促してくれる点で意味があるのです。ワインを通じて、世界はその彩りを増し、人はすこしだけ謙虚になる——モノの可変性と能動性とは、そういうことなのです。

第二講　旧世界と新世界

グローバリゼーションの始まり

前回は、すこし哲学的な——歴史、モノ、人間の関係をめぐる！——お話をしました。それを踏まえて、今回から第五講までは、ワインとグローバリゼーションについて通史的にお話しします。もっともたった四回分ほどの講義ですから、厳密な意味での通史ではありません。ただグローバリゼーション（globalization）とは、その語尾（-ization）が表しているとおり、グローバルになっていく過程を意味しています。そこには時間の流れ、つまり歴史的な変化があります。そこでワインを通してグローバル化した（あるいはグローバル化しつつある）今日の世界を見るうえで必要な、ざっくりとした時代区分の感覚をつかんでもらおうというワケです。

最近では、大学生向けに書かれた社会学などの教科書でグローバリゼーションに関する説明を読むと、だいたい最初のほうに歴史的過程としてのグローバリゼーションについて書かれるようになりました。そこでいつも問題になるのは、それがいつ始まったのかということです。実に諸説紛々なのです。

まず遅いほうでいえば、ＩＴ革命とか九・一一とかを挙げて、一九九〇年代の後半からとか二一世紀からグローバリゼーションが始まったと想定する立場があります。

もうすこし長くとって、一九八九年の冷戦終結からだとか、一九六八－七三年頃の世界的変化（オイルショックやニクソンショック）からだという論者もいます。二〇世紀のアメリカの覇権がグローバリゼーションのエンジンだったのだという見方もありますし（その場合、始まりは一九一七年や一九四五年に置かれることが多いです）、いやいやそれをいうなら、一九世紀のイギリスの帝国的拡大がすでにグローバリゼーションを開始していたのだという主張もあります。

またグローバリゼーションの本質を資本主義の拡大に見る立場に立てば、その始まりは一八世紀後半の産業革命、あるいは一五－一六世紀頃の資本主義的な農業経営の拡大にあるということになるでしょう。一五－一六世紀頃といえば、いわゆる大航海時代でもあります。グローバルな交通の拡大の起点をここに置く論者ももちろん少なくありません。さらにいわゆる普遍宗教の布教活動や世界帝国の征服運動にグローバリゼーションの起源を見る立場からすれば、たとえば一三世紀（モンゴルの征服がありました）や七－九世紀（イスラームの普及ですね）、あるいはさらにさかのぼって古代におけるキリスト教や仏教の拡大において、すでにグローバリゼーションはあったということもできます。くわえて、最近の研究は、古代世界や先史世界においても、かなりの距離を移動して生きる人々が存在していたことを明らかにしています。そもそもからいえば地球史上のある時点で生まれた人類がいまや惑星を覆い尽くさんばかりに増殖しているその過程自体がグローバリゼーションだといえないこともないでしょう。そういった知見を敷衍《ふえん》してあえて極論すれば、グローバリゼーションは、「いついつに始まった」というよりも「最初からすでに始まっていた」というべきかもしれません。

だとすると、ひとくちにグローバリゼーションといっても、その歴史的スパンは、数年から下手をすると数万年（数百万年？）まで幅があるということになってしまい、ちょっと途方にくれます。ですが私は、右に挙げたような諸説のなかからどれか一つを大文字のグローバリゼーションとして選び出し、その始まりの日付を指して特にこれが決定的な切れ目だったというような立場には立たないでおこうと思います。そのかわりに私は、現在の世界が、それらのさまざまなスパンでの、いわば小文字のグローバリゼーションの複合によって構成されたものだととらえておきたいと思います。たとえていうなら、さまざまなスパンの変化が地層のように重なり合ったうえに、現在のグローバル化された世界の風景があるということです。ここで私が提示する時代区分は、このさまざまな小文字のグローバリゼーションが重なり合った地層に、いわばワインという地点でボーリングをおこない、そうして抜きとられた地質サンプルの断面を大雑把に示したものだと考えていただければよいでしょう（図1参照）。

新世界と旧世界

さて今回は、この地質サンプルの下のほうの層からまずお話ししたいと思います。さしあたりワインの始まりからおおむね一五世紀に至るまでのかなり分厚い層をひとまとめにして考えていきましょう。この分厚い層をひとまとめにするのは、決してそれが単一ののっぺりとした層だからではありません。すでに長々とお話ししたとおり、一五世紀以前にもいくつものスパンの小文字のグローバリゼーションがあり、ワインもそれと無縁ではありません。いくつもの層が重なってできているのです。

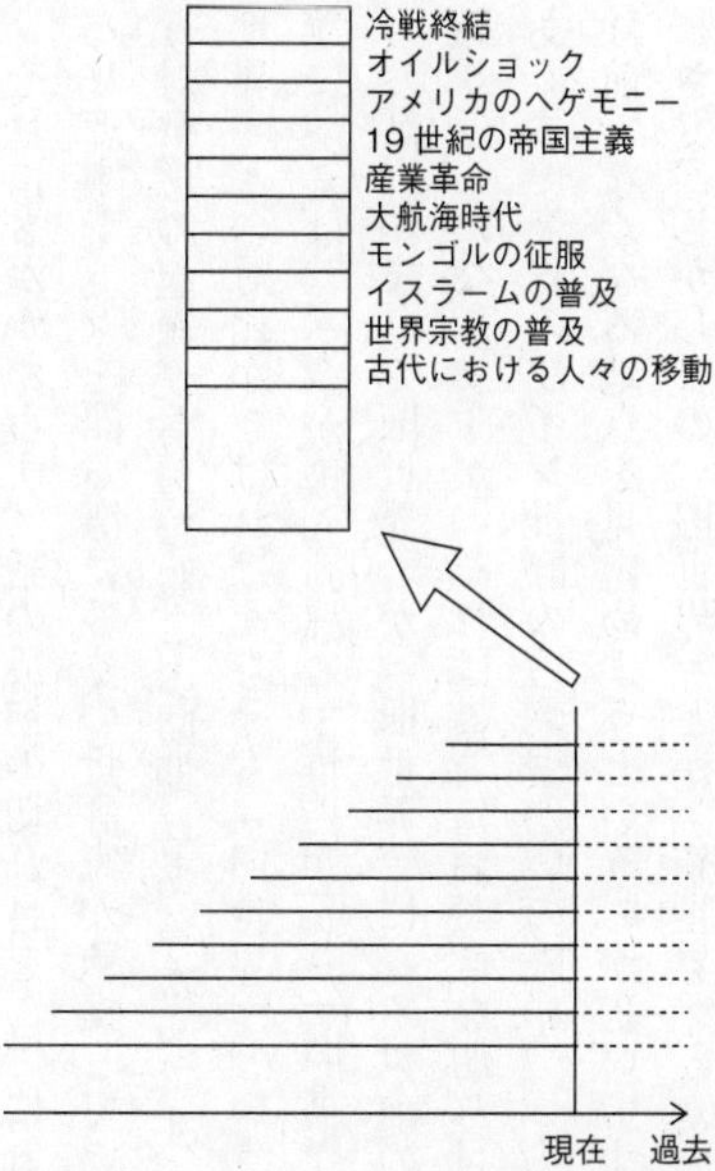

図1　グローバリゼーションの地層

それにもかかわらず、話の最初の切れ目をここに置くのは、現代のワインのグローバリゼーションを語る際に多くの批評家が依拠している「新世界」と「旧世界」という対概念の起源がおおむねこの時期にあるからです。当然といえば当然ながら、「新世界」との対比がなければそもそも「旧世界」という言葉自体も意味をもたないので、逆にいえば、本章が扱うのは、「新世界」と「旧世界」という言葉が意味をもつ以前のお話、つまり「旧世界」が「旧世界」になる以前のワインが本章の主題となります。繰り返しになりますが、それはここにおおきな切れ目があるからというわけではなく、あくまで今日のワイン批評の言葉づかいの限界、つまり私たちの「当たり前」が当たり前でなくなる地点を見定めようというのが狙いです。

さて、しかしこの「旧世界」とか「新世界」とかいう言葉、ワインの世界では具体的に、いったいどこのことを意味しているのでしょうか。いうまでもありませんが、旧世界と新世界という言葉は、本来は歴史——ヨーロッパ人の目から見た歴史ですが——の言葉です。

一般的に歴史学的にいう「新世界」とは、ヨーロッパ人にとって大航海時代以前に未知であった大陸のことをいいます。「未知」というのは、その存在自体を知らないということです。実際、一五世紀くらいまでにヨーロッパでつくられていた世界地図

（マッパ・ムンディ〈mappa mundi〉、図2参照）には、ヨーロッパとアジアとアフリカしか描かれていません。これはもとをただせば、古代の「ヨーロッパ人」——カギカッコをつけた理由は次回説明します——が描いていたTO図という世界地図をベースとして書き込みが精緻になっていったものです。図3が最もシンプルなTO図です。外周のOと内部のTはそれぞれ「海」を示しています。地図の上方は東で上半分がアジア、下半分の左側がヨーロッパで右側がアフリカです（したがってTの縦棒は地中海を示しています）。図の中心には、聖地エルサレムが想定されています。「旧世界」の三大陸はこの段階で少なくとも存在が認知されているのに対して、南北のアメリカ大

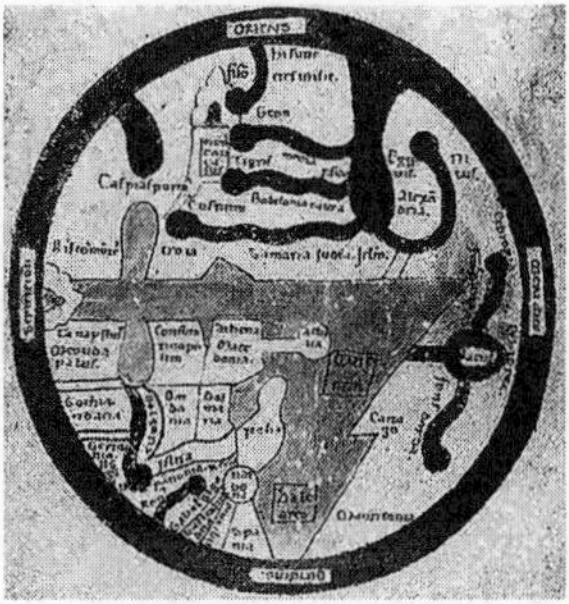

図2　マッパ・ムンディ（Harley & Woodward, 1987）

図3　TO図（Harley & Woodward, 1987）

陸やオーストラリア、南極大陸は存在自体が認識されていません。一五世紀に至るまで、ヨーロッパ人の世界認識は基本的にこのフォーマットを出ることがなかったのです。中世のマッパ・ムンディもやはり中心にエルサレムがあり、東を上にして、アジア、ヨーロッパ、アフリカの三大陸で構成されています。

要するに歴史学では、旧世界といえばアジア、ヨーロッパ、アフリカ、逆に新世界といえばその外部、つまり南北のアメリカ大陸とオーストラリアなどを指すわけです。

これに対してワインの世界はどうでしょうか。まずフランス、イタリア、ドイツといったヨーロッパの産地は旧世界に属するといっておいてよいでしょう。またチリやアルゼンチン、アメリカ合衆国のカリフォルニアやカナダといった南北アメリカの産地、オーストラリアやニュージーランドもまちがいなく新世界です。このあたりまでは、歴史学の旧世界／新世界とワインの旧世界／新世界とはだいたい一致します。

ですが、たとえばアフリカはどうでしょうか。ワインの世界で現在もっともプレゼンスの大きなアフリカの産地は、南アフリカでしょう。国別の生産量で世界トップ一〇のリストの常連です。九〇年代半ばまでは、アパルトヘイトに依存する商品であったワイン（白人経営のワイナリーで黒人労働者が酷使されるという構図がありました）は、加工用原料としてタンクで売られるバルク・ワイン以外には国際市場にはほとんど販路がありませんでしたが、九〇年代末以降、質・量ともに急速に成長しています。

この南アフリカはワインの世界では新世界ワインに分類されています。しかし歴史学では南アフリカはふつう、新世界とはみなされません。たしかにヨーロッパ人が実質的に南アフリカの社会と接触をもつようになるのは大航海時代以降のことです。実際、南アフリカにワインづくりを持ち込んだのは一七世紀のオランダ人です。しかし、たとえそこにどんな社会があるかとか、そこにどんな人が住んでいるかといったことについては無知であったとしても、その場所の存在自体が認識に入ってこないという意味で「未知」ではなかった点で、南アフリカは新世界とはいいがたいのです。ここには、ヨーロッパ人の世界認識の広がりとヨーロッパ人によるワインづくりの普及の広がりのあいだのギャップがあるといえるでしょう。

中国、インドは「旧世界」か？

しかし例外は南アフリカだけではありません。ある意味でもっと本質的なズレは、中国やインドのケースです。ご存じの方も多いでしょうが、中国やインドでもワインはつくられており、最近では国際的に輸出もされています。日本でも結構いろいろな種類のものが手に入ります。いうまでもありませんが、歴史学では中国やインドはまちがいなく旧世界です。ですが、中国やインドをワインの旧世界と考える人はおそらくほとんどいないでしょう。それらのワインが国際市場に出てきたのは、せいぜい一九八〇年代以降の話だからです。

さて、話がここで終われば簡単なのですが、実はここからいささか問題が複雑になってきます。

というのも、今日の中国やインドのワインが旧世界ワインではないからといって、では単純に新世界のワインとよんでいいのかというと、それにも抵抗があるからです。一つの理由は、これらの地域は古代や中世にすでにワインを知っているということです。たとえば、みなさんのなかには、こんな漢詩をご存じのかたも少なくないでしょう。

葡萄美酒夜光杯　（葡萄の美酒、夜光の杯）
欲飲琵琶馬上催　（飲まんと欲して、琵琶、馬上に催す）
酔臥沙場君莫笑　（酔いて沙場に臥す。君笑うことなかれ）
古來征戰幾人回　（古来征戦、幾人か回《かえ》る）

これは、七世紀末から八世紀にかけて（唐代の初期ですね）の詩人である王翰《おうかん》の「涼州詞《りょうしゅうし》」という作品です。私も高校生のときに習いました。記憶をひもといて勝手に超訳すると「うまいブドウ酒を玉《ぎょく》の美しいさかずきで飲んでいると、だれかが馬上で琵琶《びわ》を奏でる音が聞こえてくる。酔いつぶれて砂漠の上に倒れ伏してしまったけれども、どうか私を笑わないでおいてくれたまえ。昔からこの西域に出征して生きて帰ってきたものがいったい何人いたろうか。私の命とて明日をも知れぬのだから」というところでしょうか。涼州は現在の甘粛省のあたりです。突厥《とっけつ》との戦いが続いていた唐代の初期には、西北の最前線をひかえる地域でした。この詩から読み取れるのは、少なくとも文学的記号として、ワインは古くから中国でかなりポピュラーだったということです。その意味では中国においてワインは決して新しくありません。

ただ、この詩に出てくるような葡萄酒《ぶどうしゅ》に今日中国でつくられているワインの直接の起源を求めるにはやはり無理があるようにも思います。琵琶や夜光杯、そして葡萄酒は、いずれも当時の中国から見た「西方」へのエキゾチシズムを表現するアイテムです。その「西方」の葡萄酒は当然、そのさらに西方の地との交通によってもたらされたものです。その意味では、この詩に出てくる葡萄酒は、先に述べた古代からすでにあったグローバリゼーションの一例です。しかし、中国の食文化・酒文化のなかでワインの占める位置は、このあと長らく――おおまかにいって近世（一四―一八世紀）に至るまで――こういった「西方」のエキゾチシズムを超えるものにはなりませんでした。少なくともヨーロッパに比較しうるような、ワインの広がりは、生産においてはもちろん、消費においてもなかったといわざるをえません。思い切っていえば、典型的な新世界との端的な違いは、定住してきたヨーロッパ人によるワイン生産の持ち込みがなかったということです。

この点ではインドも同じです。インドの古典である『ラーマーヤナ』には、すでに「驚くべき葡萄」についての記述があるのだそうです。またインド・ヨーロッパ語族の諸言語におけるワインの語源は、古代インドの神酒を指すサンスクリット語の「ヴェーナ」という語にたどりつくという説もあります。とにかく古代のインドにブドウからできた発酵酒があったことは確実といってよいでしょう。その意味では決して新しくありません。ですが、この「驚くべき葡萄」や「ヴェーナ」を今日グローバル・マーケットに出回り始めているインド・ワインの起源に置くことには、やはり無理があります。

新しい新世界

第二部以降でまた触れることになると思いますが、ブドウは実の内側に果汁（糖分を含む液体）を蓄え、実の外側には自然酵母が付着しているため、なんらかの外力で果皮が破れて果汁と酵母が接触すれば、しばしばそのまま発酵が始まる条件が生まれます。その意味では、ブドウからできる発酵酒としてのワインというのは、およそブドウが生育するところでなら、ほとんど自然にできあがってしまう、かなり単純なお酒です。俗にワインが「人類最古のお酒」といわれたりするのも、一つにはそのせいなのですが、逆にまたそれゆえワインの発祥についてはあまり確かなことはわからないようです。このあたりのことについては、おおむね考古学者と文献学者の領域です。考古学者たちはたとえば土器の底のブドウの種の痕跡などを証拠にワインづくりの起源や伝播を論じます。文献学者たちはたとえば『ギルガメシュ叙事詩』のこれこれの個所にブドウからつくられた酒を指すと思われる表現がある（ホントです）といったようなことから、やはりワインづくりの起源や伝播を論じています。

私は考古学や文献学の専門的知識をもたないので、このあたりのことについて学問的にたしかなことはほとんどなにもいえないのですが、あれこれ読みかじった結果として、まあそんなところなのかなと思うかぎりでいえば、紀元前八〇〇〇－六〇〇〇年頃、黒海とカスピ海の間、現在でいうジョージア（グルジア）やアルメニアのあたりから、人間の営みとしてのワインづくりが広まったというのが、一応の通説のようです。もうちょっとゆるく考えて、ユーラシア中央の西寄りあたりにワイン発祥の地があったということでさしあたりはよしとしましょう。

いずれにせよ、ブドウは耐乾性が強く、水はけの良い土壌なら痩《や》せた土地でもよく育つ植物です。その生育可能域は、温帯の全域はもちろん、冷帯や亜熱帯にまでかかります。古代のグローバリゼーションに乗って、ユーラシアの中心部から東へ、南へ、そして西へブドウとワインは広がりました。結果として、中国にも、インドにも、メソポタミアにも、エジプトにも、そしてギリシアにも、いわば古代的なワインの歴史があります。その意味では、歴史学的な旧世界とワインの旧世界はぴったり一致していてもよさそうなものです。しかし、実際には中国やインドのワインが旧世界ワインだとよばれることはまずありません。端的な理由は、これらの地域の今日のワインが古代的なワインからの連続的な発展の上にあるとみなされていないからです。ではやっぱり、中国やインドは、歴史学的には旧世界だけれども、ワインに関しては新世界だということになるのでしょうか。

つまるところワインの世界では、フランスやイタリアといったエスタブリッシュされた「ヨーロッパ」の産地だけが「伝統」に裏打ちされた旧世界で、ほかはどこも新世界にすぎないのだという立場をとるならそれでもいいでしょう。何千年の歴史をもってこようが、ワインの世界では中国もインドも新世界。わかりやすいです。実際、わざわざこう主張する人は多くないかもしれませんが、暗黙のうちにそういう発想をなぞっているワイン愛好家は少なくないと思います。

しかし私にはそれはいささかヨーロッパ中心主義がすぎるように思われます。けっして社会科学者として「政治的な正しさ（political correctness）」からそういうのではありません。二つのことを指摘したいと思います。一つは、すでに述べたように、少なくとも中国やインドは、カリフォルニアやオーストラリアとくらべて、グローバル・マーケットでの流通という点でひと世代新しい産地だということです。具体的な時間でいえば、長く見積もっても数十年、短く見積もれば十数年程度のギャップですから、長いワインの世界史のなかでは一瞬の差でしかないかもしれません。しかし、このひと世代のギャップの背後には、少なくとも近世（一四－一八世紀）にさかのぼる構造的な差異があります。それは端的にいえば、すでに述べたように近世に定住してきたヨーロッパ人によるワイン生産の持ち込みの有無です。中国やインドのワイナリーにはそのような近世的起源がありません。その意味で、少なくとも中国やインドのワインは、典型的な新世界ワインとは区別される、いわば「新しい新世界」のワインなのです。

こう述べたうえで、もう一つ指摘しておかなければならないのは、この「新しい新世界」は必ずしも中国やインドに限られた話ではないということです。というのもこの「新しい新世界」と並行して近年、いわゆるヨーロッパにおいても、たとえば長らくワインの国際市場から無縁だったブルガリアにフランス人が乗り込んできてワイナリーを新たに立ち上げるとか、デンマーク人がスペインにワイナリーを構え、現地で買い付けたブドウで超高級ワインをつくるとかいったかたちで、従来の文脈から切断されたワインが続々と現われているからです。

産地を問われれば、そういったワインは、あるいはブルガリアン・ワインであり、スパニッシュ・ワインであるといわざるをえないのかもしれませんが、その文化的・歴史的背景——正確には没背景というべきですが——からいっても、そこでつくられているワイン自体の味わいからいっても、私としては、むしろ特定の産地の文脈を超えたグローバル・ワインとでもいったほうがよさそうに思えます。それは多かれ少なかれ中国やインドの「新しい新世界」ワインについても——少なくとも売れているものについては——いえることです。つまり「新しい新世界」は、単に新世界の外側に新しいワイン産地を拡大したというよりも、従来の旧世界と新世界との境界を横切ってモザイク的にワインの歴史地図を描きなおしているといったほうがよさそうだということです。

さて今回は少し入り組んだ話になってしまいました。最後にまとめをしておきましょう。ポイントは五つです。

(1)　グローバリゼーションは、近代以前から、いくつものレベルで起こっている長い重層的な過程だということ。

(2)　新世界と旧世界とを分ける発想は、一般的な歴史だけではなく、ワインの歴史においても、この長い重層的なグローバリゼーションの過程に切れ目を入れる一つの見方であるということ。

(3)　歴史学的な新世界とワインの新世界とは必ずしも重ならないということ。

(4)　それは一つには、ヨーロッパ人の世界認識の広がりとヨーロッパ人によるワインづくりの普及の広がりのあいだのギャップによるが、より重要なことには、新世界にも旧世界にも分類しがたい「新しい新世界」の存在があるということ。

(5)　「新しい新世界」は、一方では古代的なワインとの非連続性によって旧世界とは区別されるが、他方で定住ヨーロッパ人による移入という近世的起源がない点では新世界ワインからも区別されるということ。

以上です。そのうえで次回に向けて再度強調しておかねばならないのは、この「新しい新世界」は新世界と旧世界の区別を横切って、つまり端的にいえばヨーロッパにも分布するということです。次講の課題は、ワインの新世界と旧世界という発想の背後のヨーロッパ中心主義の構造をあきらかにすること、そしてワインにとっての「ヨーロッパ」の歴史的位置を再考することです。

第三講　ワインにとってのヨーロッパ

ヨーロッパ・ワイン

今回の主題はズバリ、ヨーロッパです。重要なことなので何度でも繰り返しますが、そもそも旧世界と新世界という概念は、ヨーロッパ人の視点からの世界認識にすぎません。その点では歴史学の新世界もワインの新世界も同じです。すでに前回で長々と論じましたが、ワインの新世界が新世界なのは、近世にヨーロッパ人がワインづくりを持ち込んだことに、その産地の歴史的起源があるとされるかぎりにおいてです。たとえそれらの産地のワイナリーの立ち上げがごく最近で、フランスやカリフォルニアからコンサルタントが何人も招かれ、できあがったワインも国際市場向けの洗練された（いまのところ「価格の割には」の域は出ていませんが）味わいに仕上げられていたとしても、それら中国やインドのワインを単純に新世界ワインとよぶのにやはり抵抗があるのは、一方ではこれらの地域が近世のヨーロッパ人の定住植民地にならなかったからです。

しかし他方、だからといって中国やインドのワインがどれほど古くからワインとかかわってきたかを述べたてたところで（前回引用した「涼州詞」が書かれたのはヨーロッパがイベリア半島から迫ってくるウマイヤ朝軍に怯《おび》えていたころ、『ラーマーヤナ』が編《へん》纂《さん》されたのはローマ帝国のころの話です)、それらが旧世界のワインだとみなされることはまずありません。それらの古代的ワインと現在の新しい中国やインドのワインとのあいだに歴史的連続性があると考えられていないからです。ですが、ひるがえって考えてみれば、ヨーロッパ・ワインの歴史的連続性ってなんなのでしょうか。

第一講でも触れましたが、古代ギリシアでは、ワインは水で薄めたり、ハチミツをまぜたりして飲んでいました。今日、そんなワインの飲み方を古式ゆかしい正統なワインの飲み方だと考えているワイン愛好家はかなりエキセントリックといわざるをえないでしょう。また当時、ワインは素焼きのつぼに保存されていましたが、ふたを松脂《まつやに》で密閉していたので、しばしば強い松脂の匂いがついていました。実は現在でもギリシアではレツィーナとよばれる、わざと松脂の香りをつけたワインがよく飲まれています(発酵前の果汁に松脂を加え、あとで濾《こ》して取り除いてつくります)。ギリシアの暑く乾いた夏によく冷やしたレツィーナはたしかにおいしいとおっしゃる方も少なくはないようですが、とはいえレツィーナこそがヨーロッパ・ワインだという主張は、ワインバーでの愉快な論争のタネの域を出ないでしょう。モノ自体から見れば、古代の「ヨーロッパ・ワイン」と現在のヨーロッパ・ワインとのあいだには連続性というより、むしろ断絶のほうが目立ちます。それは「涼州詞」の「葡萄美酒」や『ラーマーヤナ』の「驚くべき葡萄」が現在のワインと同じモノではないというのと同じです。

さらにいえば、これもすでに触れましたが、そもそもワインづくり自体、ギリシアで始まったわけでもなんでもありません。強いていえば、第二講で述べたようにいまでいうジョージア（グルジア）のあたりが発祥の地といえなくもないかもしれませんし、実際、二〇〇六年にニュースにもなったように（親欧米路線をとったジョージアへの意趣返しとしてロシアがジョージア産ワインの輸入を禁止したというニュースでした）、ジョージアは現在でもワイン生産の盛んな国です。しかし、ならばジョージア・ワインこそがヨーロッパ・ワインの正統なのだと力んでみても、やはりあまり説得力はありそうにありません。そこに古代が保存されているわけでもなく、また現代のヨーロッパ・ワインの典型があるわけでもなく、ただ国内消費以外にはソ連／ロシア向け輸出に特化してきた、どちらかといえば珍品に属する――半甘～甘口の赤ワインが有名です――ワインがあるだけだからです。二〇〇六年の対ロ禁輸以降、より広い市場を求めて変革を余儀なくされた同国では、より洗練された国際市場向けのワインも出てきてはいるようですが、それはヨーロッパ的ないしは旧世界的というよりは、むしろ前回の言葉づかいでいえば、「新しい新世界」的現象というべきでしょう。

ワインの旧世界

「旧い」とか「新しい」とかいう言葉は、いいかえれば起源の遠さないしは近さのことです。「旧世界」のワインは起源の古さを伝統として誇り、「新世界」のワインは起源の新しさを活力として誇ります。ですが、話がそれだけならば、もっとも典型的な旧世界ワインの産地はたとえばジョージアであり、もっとも典型的な新世界ワイン産地はたとえばインドや中国であるということになるでしょう。事実、ジョージア・ワインはしばしば「人類最古のワイン産地」を誇り、インドや中国の新進ワイナリーはしばしば、ついに再びやってきた彼らの時代の象徴の一つに数えられます。ところが実際的にいって、旧世界の中心はフランスやイタリアであり、ジョージアはせいぜいその周縁に入るか入らないかといった程度です。また新世界の中心はカリフォルニアやオーストラリア、チリといった地域であり、中国やインドがそのなかに数えられることはいまのところまずありません。

あえて大上段に振りかぶっていいますが、およそ起源なるものは必ずあとから見出されるものであり、そしてより重要なことに、常に特定の視点から見出されるものです。いいかえれば、起源とは、それがいつ、そして誰の視点から見出されたものなのかによって複数の可能性があるものだということです。が、それにもかかわらずしばしば特定の時点に特定の視点から見出された起源が特権化されます。そのような動機なしには、そもそも起源について語るということ自体がそうそう起こりえないからです。そしてワインの世界では、ヨーロッパ人、それも近代化を成し遂げたヨーロッパ人の視点からの語りが、そのような特権的な位置を占めているわけです。

身も蓋もない話ですが、結局のところワインの旧世界とはヨーロッパ（特に西欧）のことであり、新世界とはヨーロッパ人が定住植民してワインがつくられるようになった地域のことです。それ以上になにか客観的な――ワインづくりがいつ以前・以降に始まったとか、平均的なアルコール度数や新樽使用比率だとか、ラベル表示のシステムの相違だとか――指標を立てようとしても、せいぜい例外や注記だらけのアド・ホックなものにしかなりません。この意味では、ワインにおける「新世界」・「旧世界」という語法がそれ自体きわめてヨーロッパ中心主義的であるということはやはり間違いありません。それは旧世界をヨーロッパと定義することで――あるいはその定義に暗黙の同意を強いることで――はじめて成り立つものでしかないのです。さらにいえば、それは、昔からヨーロッパ人がワインをつくっていた地域と、近世になってヨーロッパ人が移住していった先でワインをつくりだした地域だけで世界を二分しつくしてしまう語法でもあります。逆にいえば、その語法は、そもそもヨーロッパ人が介在しないワインづくりなるものを視野から消してしまう作用さえもつのです。

もちろん、ではヨーロッパにおけるワインの伝統というのは、特定の立場から捏造《ねつぞう》された単なる物語にすぎないのかといえば、それもまた極論にすぎるでしょう。ただ、すでに示唆してきたように、またあとの講でさらに詳しく論ずるように、新世界と旧世界といった（ヨーロッパ中心主義的な）言葉づかい自体がその妥当性を失いつつある今日、これまで広く思い込まれてきたほど、ヨーロッパの伝統なるものが歴史的および地理的に一貫したものではないということ――つまりヨーロッパのワインが時間を超えて不変であったわけでも、またヨーロッパのワインが、なにか単一の排他的な「ヨーロッパ的性質」を共有しているというわけでもないということ――は、はっきりと意識しておいたほうがよさそうです。

ワインの伝播

すこし結論を急ぎすぎましたね。ここで話を巻き戻して、一般的な――そして多かれ少なかれヨーロッパ中心主義的な――ワインの世界史観を簡単に（しかし批判的に）見ておきましょう。

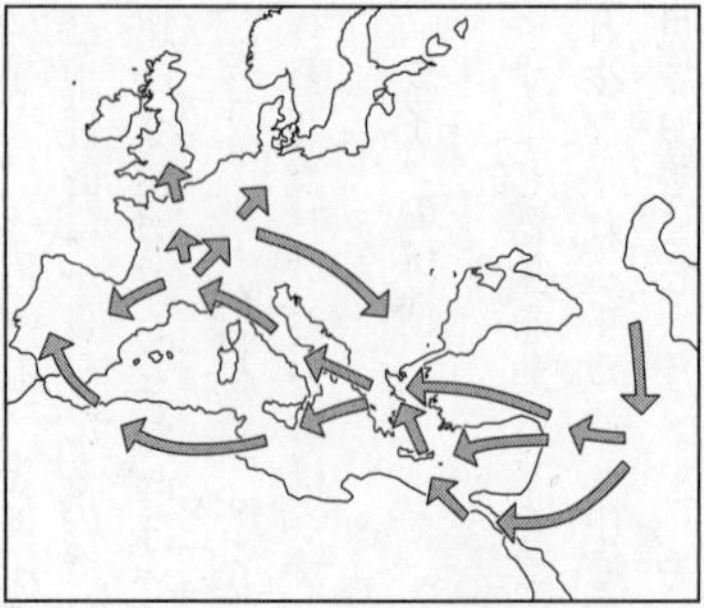

図4　ワインの伝播（Johnson & Robinson, 2007 より作成）

図4は、権威あるワイン・ジャーナリスト、ヒュー・ジョンソンとジャンシス・ロビンソンの大著『ザ・ワールド・アトラス・オブ・ワイン』から引いてきた古代におけるワインの伝播を示した地図です。

現在のジョージアのあたり、コーカサス地方から始まるのはすでに述べた通説どおり。そこから南下してメソポタミア地方や地中海東岸へ。そこからエジプトへ向かうルートとギリシアに向かうルートに分かれますが、二つの流れはローマで合流し、そこからさらにローマ帝国の西方への拡大に沿って、シチリアから北アフリカを経てイベリア半島に至るルート、地中海北岸づたいに進んで現在のフランス南部へ入るルートで、ワイン生産は拡大していきます。古代におけるワイン伝播の前線は、すでに現在のイギリスやドイツにあたる地域にまで及びました。このあたりまでが、いわばワインの古代史です。一見シンプルな地図ですが、この地図だけからでもいくつかのことが指摘できます。

最初に指摘しなければならないのは、この地図は実質的にローマ帝国をゴールにしているということです。もちろんイタリアをはじめ、フランスやスペイン、ドイツといった今日の主要なワイン生産国にワイン生産が伝わる上でローマ帝国が果たした役割はたしかにおおきいものです（もっともイタリアにワインづくりをもたらしたのは、イタリア半島に植民してきたギリシア人でした。彼らは半島全土でブドウ栽培が可能なこの地を「エノトリア・テルス〈ワインの大地〉」とよびました）。

特にフランス——なんだかんだいってても依然としてワインの生産国ブランドとしては最強の地位を保っているといっていいでしょう——の視点から見れば、同国へのワインの伝播は文字どおりローマ帝国の征服とともにやってきたものです。たとえローマ帝国の時代にそもそもフランスという国が存在しないとしても、「フランス・ワインの歴史」を書こうとすれば、シーザーの『ガリア戦記』から説き起こさざるをえません。

しかし、それはあくまでフランス（あるいはドイツやスペインといった他の西欧諸国）の視点からの話です。すでに触れたとおり、ワインの発祥をコーカサスに認めるとして、その伝播の方向は地中海を目指す西向きだけではありませんでした。すでにこの講義では、ペルシアからインドや中国の西方への伝播の方向もあったことを指摘してきました。前回は『ラーマーヤナ』に触れましたが、前漢の時代、紀元前一二八年のこと、匈奴《きょうど》を挟撃すべく大月氏《だいげっし》へと送られた使節である張騫《ちょうけん》が、サマルカンドの東のフェルガナからブドウを持ち帰ったという記録もあります。それにもかかわらずコーカサスからの伝播のルートが西向きにしか描かれていないのは、要するにローマ帝国にどう伝わったかということにしか関心がないということでしょう。

さらにいえば、この地図は単にローマ帝国を古代のワインのゴールとみなしているだけではなく、それをヨーロッパ・ワインのスタートともみなしているふうでもあります。しかし一般に、古代のギリシア・ローマから一直線にヨーロッパに線を引く歴史観は、今日ではあまり評判がよくありません。一つにはヨーロッパの起源としての古代ギリシア・ローマは、そもそも近代において「発見」(というかほとんど発明)されたものだからです。

近代は、その直前の時代である中世を、迷信に支配され、人間性を抑圧する「暗黒の時代」として否定しました。というか、そのように否定することで社会を変化させようとする過程が近代という時代です。新しい変化というものは本質的に、その変化がなにをもたらすかをあらかじめは知りません。ですから変化は、それが根本的であればあるほど、当事者にとっては、さしあたり直前の過去を否定することでしか表現できません。しかし否定だけでは未来へのヴィジョンは見えません。そこでしばしば起こるのは、その直前の過去のさらに向こうの過去を理想化し、そこに変化の目的を投影することです。実際、フランス革命の闘士たちは、自分たちをローマ帝国の共和派のイメージに重ね合わせていましたし、考えてみれば日本の明治維新だって、直前までの過去の武家政治を否定して、その向こう側の過去としての天皇親政時代を理想化することで「王政復古」として実現されたものです。

すこし話がずれましたが、要するに、古代のギリシアやローマに、ヨーロッパ的達成の原型を見出し、中世にいったん抑圧されたその達成が、近代ヨーロッパによって、より完全なかたちで実現するというストーリーは、近代ヨーロッパの自己正当化の物語でしかないということです。

ヨーロッパの成立

だいたい古代ギリシア・ローマに、そもそもいまでいうヨーロッパという単位なんて全然意味がありません。世界としてのまとまりでいうなら、むしろギリシアやローマは、東岸のシリアや南岸のエジプトやチュニジアなどとともに地中海世界の一部です。当然といえば当然ですが、古代ギリシアのワインは、モノ自体としてみれば、たとえば現在のフランス・ワインはもちろん、現在のギリシア・ワインと比べてさえ、むしろ古代のエジプトやフェニキアのワインにはるかに近いものです。

地中海世界は、夏に乾燥し、冬に風雨が強まるという気候的条件など、ブドウ栽培に適した風土を共有しています。まさに地中海性気候です。もちろん、では地中海世界がのっぺりとした一つの均質な世界であったかといえばそれも違うでしょう。ここでアンリ・ピレンヌやフェルナン・ブローデルといった歴史家のすでに古典となった議論に深入りする余裕はありませんが、地中海は、むしろ複数の文明が交錯する一つの交通空間ととらえるほうがふさわしいでしょう。重要なのは、コーカサスに発したワインづくりがいわば約束の地であるヨーロッパへと向かう単線的な経路に、古代のワイン地図を還元してしまわないことです。ワインは、多方向的に伝播し、伝播した先で多元的な要素と出会います。それを通じて、ワインというモノが、ワインのつくり方が、売られ方が、飲まれ方が、意味づけられ方が多系的に進化していくわけです。そして、その結果として、ワインの歴史地図は常に描きなおされつづけるのです。

イギリスを例にとってみましょう。近代ヨーロッパを基準とするワインの歴史のなかで、この国の存在はほとんどワインの消費国・輸入国としてしか扱われてきませんでした。しかし、近年（一九八〇年代以降）、温暖化の影響もあって、イングランドの南部を中心に優れたワイナリーが続々と国際市場に登場するようになってきました。特にスパークリング・ワインに素晴らしいものが多いです。日本でもナイティンバーなど安定したインポーターがつくものがでてきました。

それはさておき、そのような新しい現実から振り返ってワイン生産国としてのイギリスの歴史を見れば、ブリテン島の南半はたしかにローマ帝国の最大版図に入っており、少なくともその時期にブドウ栽培が試みられたことは、歴史学的推定としても考古学的証拠からもたしかなようです。しかもそれは歴史の闇に消えていく挿話的事実ではありません。すこし時代は下りますが、一一世紀の土地台帳ドゥームズデイ・ブックには四十六カ所のワイナリーが記録されているそうです。その後もイギリスのワイン生産は成長を続け、ヘンリー八世の時代（一六世紀の前半です）には、大規模なものだけでも百三十九ものブドウ園（うち十一が王家の所有、六十七が諸貴族の所有、五十二が教会の所有）がありました。

こういった歴史は、つい最近まで、ほとんど語られることのない話でした。私がこのことを知ったのも、二〇〇八年に刊行されたデヴィッド・ハーヴェイの『グレープ・ブリテン』を読んではじめてのことです。同書は、現在のイギリス・ワインを主題として書かれた本ですが（イギリスでワイナリー巡りを計画しておられるハイブラウなワイン愛好家の読者の方がもしいらっしゃれば、ガイドブックとして役に立つでしょう)、少なくとも近世の入り口――示唆に富むことに「新世界」にワインが広がっていく直前――まで、イギリスにワインづくりの伝統が脈々と流れていたことにも光をあてています。いわば歴史に伏在していた多系的なワインの進化の道筋が、新しい現実から逆照射されることでまた一つ浮かび上がったわけです。

ヨーロッパの起源を古代のギリシア・ローマにダイレクトに結び付けるわけにはいかないとなると、次に出てくる発想は中世ヨーロッパの成立です。しばしば象徴として挙げられるのは、八〇〇年のカール大帝の戴冠です。この年、ローマ教皇レオ三世はフランク王国のカールにローマ皇帝の冠を授与し、西ローマ帝国を復活させました。これは単なる古代帝国の復活ではなく、古典文化、ローマ・カトリック、ゲルマン文化の三つの要素からなる西ヨーロッパ世界の誕生である――と、私は高校の世界史で習いました。

実際、このカール大帝――フランス語ではシャルルマーニュ――は、ワインの世界にも多くの蘊蓄《うんちく》の種を残しています。たとえば緯度の高いドイツで、ワイン用のブドウ栽培の好適地としてライン川の河岸の急斜面をひらくことを命じた(「ラインガウの発見」)のは彼だといわれています。またカール大帝はもともと赤ワインを好んでいたものの、彼の豊かな白髯《はくぜん》が赤く汚れるのを見苦しく思った王妃の進言で白ワインしか飲まなくなったという逸話があり、彼がソーリューの修道院に与えたコルトンの丘陵（現在のフランスのブルゴーニュ地方におけるアロース・コルトン、ペルナン・ヴェルジュレス、ラドワ・セリニ村にまたがる）付近でつくられる特級格付けワインのうち、「コルトン・シャルルマーニュ」（ないしは単に「シャルルマーニュ」）というラベル表記が許されるのは白ワインだけです。

蘊蓄的なエピソードはともかくカール大帝が現在のフランスおよびドイツにあたる地域のワインづくりの振興に力を尽くしたことは間違いないようです。西ローマ帝国の滅亡から三世紀半ほどのあいだ、ゲルマン民族の大移動にともなう混乱で、ブドウ園は各地で荒廃が進んでいたからです。そこには有名なピレンヌ・テーゼ(1)を持ち出すまでもなく、古代と中世のあいだの断絶が刻印されています。古代にローマの海であった地中海が、中世にイスラムの海になったというのはいいすぎだとしても、中世を通じて、地中海世界とアルプス以北のヨーロッパ世界とのあいだに、一つの世界としての基層の共有が稀薄だったことはたしかです。

中世において地中海世界は、その主《あるじ》こそローマからイスラムに代われど、やはりヒトやモノ、情報が行き交う交通空間であったことに変わりはありません。特に一二世紀以降は、ヴェネツィア、ジェノヴァ、ピサ、フィレンツェといったイタリアの都市国家がたがいに争いながら遠隔地商業に乗り出していきました。地中海を行き交う航海者たちにとってワインは必需の物資の一つです。暑く乾いた夏をもたらす地中海の気候は、ブドウの糖度を自然に高めますが、この頃には、収穫を遅らせて糖度を高め、収穫したブドウを陰干しにしてさらに糖度を高め、結果として一七度近いアルコール度数を含むワインもつくられていたようです。もちろんこのような高糖度の果汁は大量には生産できませんから、当然高級品になります。しかし、このレベルにまでアルコール度数の高いワインは、かなり長い船旅でも酒質を保ち、むしろ熟成によって味が良くなることさえありました。つまり遠隔地商業向きにワインが進化したわけです。

やがて商業の中心が地中海から大西洋に移ってからも、長い航海に耐える頑丈な酒質をもった強いワインという進化の方向はしばらく引き継がれます。まさに地中海遠隔地商業と並行してイスラムから伝わった蒸留の技術によってブランデーがつくられるようになると、ブランデーを添加することによって強化されたワイン――シェリー、ポート、マデイラなど――が登場します。これら酒精強化ワインについてはまたあとでお話ししますが、単に地中海の風土がというよりも、交通と商業の拡大そのものが、ワインというモノの進化に一定の方向づけ（強いワイン）を与えたことには留意しておきましょう。このことについては次回第四講でまた詳しくお話しします。

修道院のワインづくり

他方、アルプス以北のヨーロッパでは、アルコール度数の強さとは異なる方向で、しかしやはり質の向上を伴う進化が起こりました。その主舞台は修道院です。修道院は経済的に自立していることが原則です。ミサに使うワインは当然自分たちでつくりますが、巡礼者への宿の提供、病人の収容や、高貴な旅行者の饗応といった機能も修道院にはあり、その際に（あるいは薬として、あるいは晩餐《ばんさん》の席に）ふるまうワインも用意せねばなりません。またワインは端的に修道院にとって貴重な現金収入源でもあり、修道士たちがワインを自らつくる動機は十分にありました。

ただ修道士たちはやみくもに鍬《くわ》をふるっていたわけではありません。彼らがワインの進化に果たした貢献は、その徹底した栽培・醸造の記録と分析にあります。それはだれにでもできたことではありません。多くの人々が読み書きのできなかったこの時代、なんといっても彼らは当時の知識階級なのですから。修道院は、いわば中世ワイン産業の地域産学協働センターのようなものです。彼らは品種選抜、剪定《せんてい》、挿し木といった技術革新をするとともに、畑ごとのブドウの特徴について実に詳細な記録をとり、高級ワインを生産するための特別区画（クリュ）の選定をおこないました。

修道院が特におおきな役割を果たしたのは断トツでブルゴーニュです。ブルゴーニュのボーヌの街のすぐ北にあるシトーに一一世紀の末に結成されたシトー会の修道士たちは厳格な戒律に服し、ほとんど革命家の熱情をもって祈りと労働にその身を捧げました。そしてその労働の多くはブドウ畑での労働に注がれました。彼らは熱心にクリュの選別をおこない、畑を一定の個性を備えた均質な区画ごとに高度に細分化させていきました。果たして今日ブルゴーニュは、世界でいちばん——断トツにいちばん——畑ごとのワインの味わいの差異が細分化されたワイン産地です。いわゆるテロワール(2)の理念の聖地です。

ヨーロッパ・ワイン（旧世界ワイン）、特にフランス・ワインの伝統的本質を、このテロワールの考え方に求める人は結構多いです。たとえば二〇〇四年にカンヌ映画祭に出品され、話題となったワインとグローバリゼーションのドキュメンタリー（というにはやや演出過剰でしたが）映画『モンドヴィーノ』も、基本的には、そういう路線で話がつくられていました。そういう人たちにとっては、シトー派修道会は、まさにヨーロッパ・ワインの起源ということになるかもしれません。しかし、問題はそのテロワールなる概念は、それほどの本質視に足るのかということです。が、今回はすでにすこしお話が長くなりすぎました。テロワールの概念については第二部で詳しくお話しすることにして、さしあたりここでは中世の「旧世界」におけるワインの進化が、少なくとも地中海世界とアルプスの北側とで異なる文脈のなかに置かれていたということを確認しておきましょう。

今回の講義では、ワインにおける旧世界と新世界という語法の背後にあるヨーロッパ的なるものについて、その古代的起源を解体し、中世的起源を相対化しようとしてきました。背後にある私の問題意識は、ワインにおけるヨーロッパは近代において構築されたものだということです。少なくとも一五世紀に至るまで、ワインにとっての一つのヨーロッパ世界なんて存在しないのです。そこで次の問題、近代に起こったヨーロッパの構築——それはとりもなおさず新世界と旧世界という語法（あるいは世界観）の構築でもあります——はどのように起こったのか。それをワインの視点で考えることが次回のテーマです。

第四講　ワインにとって近代とはなにか

ワインはやはりヨーロッパ？

最近では天ぷら屋や鰻《うなぎ》屋、寿司《すし》屋や蕎麦《そば》屋にもワインのリストが置いてあることが増えました。また気楽な居酒屋のようなところでも、飲み物のメニューにワインが載っているのが珍しくなくなりました。

近年の日本人のワインの消費量は、赤ワインに含まれるポリフェノールが健康に良いという話がきっかけで大ブームとなった一九九八年をピークに、ゆるやかな下降基調ではありますが、そもそも日本で本格的なテーブル・ワイン（日常の食事とともに楽しむワイン）の市場が形成されだしたのが一九六〇年代半ば以降の話であり、そのスパンで見ればむしろ高止まりで安定していると見ることもできます。いずれにせよ、日本人の食生活にワインがずいぶん浸透してきたということはいえるでしょう。

またワインといえば、フランスかドイツ、せいぜいイタリアという時代もすでに過去のものです。それこそカリフォルニアをはじめ、チリやオーストラリアの「新世界」ワインの認知も広がりました。また日本ワインの評価も高まりつつあります。

しかし、ここまで浸透してもワインといえばヨーロッパのものという感覚はやはり強いものです。日本ソムリエ協会教本に出ている二〇〇五年のデータによれば、世界の総ワイン生産量（約二億八〇〇〇万ヘクトリットル）の半分以上は、いまだにイタリア、フランス、スペインの三カ国（イタリアが約五四〇〇万ヘクトリットル、フランスが約五二〇〇万ヘクトリットル、スペインが約三六〇〇万ヘクトリットル）でつくられています。また生産上位二〇カ国のうち一三カ国を（ロシア・東欧を含みますが）ヨーロッパの国が、六カ国を近世にヨーロッパ人が定住植民したいわゆる「新世界」ワインの国（アメリカ、アルゼンチン、オーストラリア、南アフリカ、チリ、ブラジル）が占めているとなれば（ちなみに残る一カ国は中国です）、それも仕方ないといえば仕方ないかもしれません。

前回までの議論では、ジョージアやインド（いずれも生産量上位二〇カ国には入っていません）のような例を挙げて、旧世界（ヨーロッパのワイン生産国）と新世界（近世のヨーロッパ人による定住植民を起源とするワイン生産国）の枠組みの限界を強調してきましたが、量的な観点に立てば、控えめに見積もっても世界のワインの八割から九割は、旧世界と新世界の枠組みに一応はおさまっていることになります。その意味ではワインの世界は、実態として依然ヨーロッパ中心的であるというべきかもしれません。

しかし他方、前回に論じたように、このヨーロッパなるもの自体は、近代に構築されたものです。したがって、そこから一歩進めて考えれば、このヨーロッパなるものの強さは、近代の強さだといってもいいでしょう。そこで今回はワインにとって近代とはなにかということを考えてみたいと思います。

強さと差異

ここまで、ヨーロッパ中心主義的なワインの世界史観を通覧するといっておきながら、まだ中世の終わりまでしか話が進んでいませんでした。前回の終わりに確認したのは、近世の入り口である一五世紀ころまで、ワインにとっての一つの世界としての「ヨーロッパ」はなかったということでした。世界としてのまとまりでいうならば、地中海とアルプスの北側という少なくとも二つの圏域を想定しなければなりません。いささか図式的ながら、ワインの視点（特に高値で取引されるワインの視点）から見ると、この二つの圏域には対照的な傾向が観察されます。

前回の話をすこし思い出してください。地中海世界においては、地域的な多様性はありつつも、基本的にはブドウ栽培に適した自然環境のもと、糖度の高い果汁からアルコール度の高いワイン、強いワインをつくろうとする志向性を指摘しました。そしてその背後にある社会的条件として遠隔地交易を挙げました。他方アルプス以北の世界では、ブドウ栽培には相対的に厳しい自然環境のもと、徹底した観察と記録を通じて畑の選別をおこない、土地の個性を最大化に引き出すことで付加価値の高いワインをつくろうとする志向性を指摘しました。その背後にある社会的条件は自立を旨とする修道院の活動でした。

手っ取り早くいってしまえば、ワインの世界に限らず一般に、一つの単位としてのヨーロッパ世界はこの二つの圏域の融合によって生まれました。このようにヨーロッパの成り立ちを捉える考え方の例としては、フランスの歴史学者フェルナン・ブローデルの名著『地中海』を挙げておきましょう。同書は、一五世紀の終わりから一七世紀の初めにかけて、地中海が一つの交易圏としての求心性を失い、交易の舞台の中心が大西洋に移っていって、地中海が大きなヨーロッパという「世界＝経済〈économie-monde〉（イマニュエル・ウォーラーステインはそれをworld-economyと英訳しました）」のサブシステムとして組み込まれていく過程を描いた作品です。大西洋を介してアルプスの北側のヨーロッパの経済圏と地中海の経済圏とが一つの世界経済に統合されるのですね。

このように地中海世界とアルプス以北の世界という二つの圏域が統合されて、一つの世界としてのヨーロッパが構築されたことは、ワインにとっての近代を考えるうえで非常に象徴的だと思います。というのも、右に述べたように、一方で「強さ」を志向する地中海的な方向と、他方で「差異」を志向するアルプス以北的な方向とは、ワインのヨーロッパ的／近代的な進化の両極を構成するものだからです。

誤解がないようにあらかじめ注意しておきますが、これはあくまで地中海的な方向とアルプス以北的な方向とを理念型としてとらえた発想でしかありません。ですから、実際のワインそれ自体としては、地中海産だがアルプス以北的な（土地の個性に付加価値の源泉がある）ワインもあれば、アルプス以北でつくられているが地中海的な（強さに付加価値の源泉がある）ワインもあるということを排除するものではありません（たとえば糖度による序列化側面から見たドイツ・ワインは、その典型です）。

前回までの議論で私は、ワインの世界を新世界と旧世界とに分ける語法がヨーロッパ中心主義的であること、そしてそもそものヨーロッパなるものが近代に構築されたものにすぎないことを論じてきました。それを踏まえていえば、理念型として捉えられた地中海的（強さ）志向とアルプス以北的（差異）志向は、ワインにおけるヨーロッパの構築のされ方を分析するうえでの座標軸を提供してくれるものだということです。これを図にすると図5のようになります。

図5は、「強さ」志向の縦軸と差異／個性志向の横軸で構成される座標平面です。基本的にこの座標平面の第一象限を中心とする領域がワインの近代的進化の軌跡がと

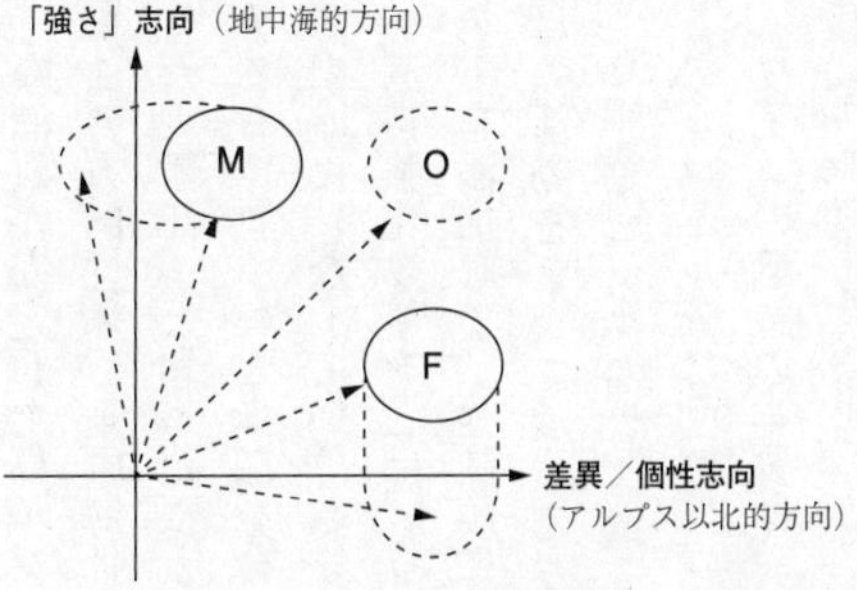

図5　ワインの多系的進化

りうる範囲であり、逆にまたそのような近代的進化を遂げたワインの総体が、ワインにとってのヨーロッパという理念に実体を与えるワケです。

ただここに示されているように、その近代的進化の軌跡は、決して一本のルートに還元できるものではありません。リアリティにおいては、きわめて多元的で、また複雑に絡み合った変化の連鎖があります。図5は、それをギリギリまで単純化したものです。

まずM（地中海〈Mediterranean Sea〉のMです）のエリアへ向かう軌跡ですが、これは「強さ」にプライオリティを置く方向での進化です。先に述べたように、この方向での進化は、すでに中世の後期からまさに地中海で起こっていました。十字軍のころからの東方貿易の進展が航海の必需物資としてワインの需要を強めました。もともと恵まれた日照のある地中海では糖度の高い果汁からアルコール度数の高い「強い」ワインがつくられやすい条件がありましたが、遠隔地貿易にともなう長い航海が、そのような酒質が安定したワインの需要を高めたのです。
この方向性は、地中海世界がより大きなヨーロッパ世界の一部となり、貿易の主舞台が大西洋へと移ったことで、単に地中海での変化というよりも、外へ向かって拡大するヨーロッパと歩調を合わせて展開していきます。典型的なのは、特に一六世紀以降に盛んになっていくさまざまな酒精強化ワインの発展です。

酒精強化ワインとは、ワインのアルコール発酵の過程のどこかのポイントでブランデーを添加して、強制的にアルコール度数を上げることでアルコール発酵を起こす酵母の活動をとめてつくるワインのことです。ブランデーは、ワイン（ブドウからつくった醸造酒）を蒸留してつくったお酒のことですから、できあがったワインに含まれるアルコール分はすべてブドウ由来になるので、これも立派なワインです。(1)

ワインの醸造の本質は、酵母がブドウの糖分をアルコールと炭酸ガスに分解する過程（アルコール発酵）です。ところが面白いことに、この酵母にとって自分が出すアルコールは「毒」になります。酵母の種類にもよりますが、たいていの酵母はアルコール度数が一四-一五度になるくらいまでで活動をやめ、それ以上の発酵は進みません。酒精強化ワインは、ここを逆手にとって、度数の高いブランデーを加えることでアルコール度数を上げ（ものによりますが一六-二〇度程度になるようにします）、酵母の活動をとめて、酒質の安定したワインをつくるのです。実際、酒精強化ワインでは二〇年物や三〇年物はザラにあります。五〇年以上前のものでも比較的簡単に手に入ります。

三大酒精強化ワイン

さて俗に世界三大酒精強化ワインといわれるのは、スペインのシェリー、ポルトガルのポート、同じくポルトガルのマデイラです。いずれのワインも現在のかたちになるまでには複雑な歴史的経緯があるので、あまり厳密に起源の年代を特定することはできませんが、産地としての地位が確立されるのは、いずれも一六世紀以降のこと。つまり大航海時代ですね。ここではシェリーとポートをとりあげて、このM志向のワインの展開をすこし具体的に見ておきましょう。

シェリーの産地はスペインのアンダルシア地方。その中心都市がヘレス（Jerez）で、シェリーは、実際スペイン語ではヘレスといいます。シェリー（Sherry）は英語表記、ちなみにフランス語ではクセレス（Xérèz）といいます。いずれも正式名称です。なぜ英仏両語も正式名称になっているかというと、もともとシェリーは輸出向けの商品だったからなんですね。

一六世紀も後半に入ってくるとイギリスの存在感が地中海でも高まってきます。彼らも最初はレヴァントの地中海的な「強い」ワインを買っていたわけですが、ヴェネツィアのような往年のイタリアの商業都市の勢力（地中海の「強い」ワインの北方への供給は彼らが支配していました）が退潮してくると、スペインがそれにとってかわろうとしてきます。そこで出てきたのがシェリーです。シェリーという名称が定着する前には、「サック（sack）」とか「サッカ（saca）」とかいう名で呼ばれていました。この「サッカ」という語には輸出品という意味があるのだそうです。

シェイクスピアがお好きな方なら『ヘンリー四世』――一六世紀末頃に書かれたと推定されている作品です――に登場する大変肥満の老騎士フォルスタッフがたびたび「サック」に言及しているのを思い出されるかもしれません。大酒飲みのフォルスタッフは、「水っぽい酒」を毛嫌いするセリフを吐き散らしていました。地中海志向（図5でいえばM志向）のワイン飲みだったんですね。もっとも実在のヘンリー四世の時代――一五世紀の初頭――の「サック」は、まだ酒精強化されていません。その時代ではまだ酒精強化のためのブランデーをつくる前提である蒸留の技術がまだそれほど普及していませんでしたから。

ポートは産地の名前ではなく、出荷港の名前がワインの呼称になったものです。ポルトガルのワインを輸出市場に引き出したのもやはりイギリスでした。フランス一七世紀の末頃から英仏間の植民地抗争が本格化し始め、イギリスはフランスとの戦争状態に入ると、対仏輸入禁止などの政治的措置をとるようになります。イギリスは、古くからフランス・ワイン特にボルドーのワインの一大消費市場でしたから、対仏禁輸はたちまち供給の逼迫《ひっぱく》をもたらします。その穴埋めとして出てきたのがポルトガル・ワインでした。そういえば、比較生産費説の貿易理論で知られるデヴィッド・リカードの『経済学および課税の原理』（一八一七年）に持ち出されていた例も、イギリスの毛織物とポルトガルのワインの貿易でしたね。

もともと戦時代用品のようにして始まったイギリス人のポート・ワイン消費ですが、需要の高まりとともに、品質は着実に向上しました。一八世紀の初めころまではこの地ではまだ酒精強化は施されていませんでしたが、ドウロ河上流の猛暑の気候と岩がちな土壌は自然に「強い」ワインの条件を提供してくれました。やがて徐々に風味を増し、酒質を安定させるためにブランデーを添加する習慣が定着しました。

ポート・ワインの名声が確立されてくると、偽造品が多く出回るようになりました。安物の薄いワインに（酒精強化の過程としてではなく、単にアルコール度数のかさ上げのために）ブランデーを混ぜ、ニワトコの実で色をつけ、あまつさえトウガラシを混ぜてスパイシーな風味を足したものをポート・ワインと称してイギリスに出荷する悪徳ワイン商が跋扈《ばっこ》するようになったのです。生産地と消費地とのあいだの距離がひらいたところに、ブランドが確立されると起こることはいつの時代も変わりませんね。

この事態に腰を上げたのは、一七五五年のリスボン大地震からの復興に際しても手腕を振るったポルトガルの宰相ポンバル侯爵でした。彼は、ポート・ワインの名称にふさわしい品質を確保するため、ブドウ栽培地域や栽培方法、醸造方法などを定めた規制を敷いたのでした。これはこのあとの講義でも触れることになる原産地呼称統制のはしりといってよいものです。

図5のMへ向かう進化としてもう一つ触れておきたいのは、甘口ワインです。アルコール度数の高いお酒を辛口とする発想からすると、甘口ワインは「強さ」とは逆のベクトルのように思われるかもしれませんが、そもそも「強い」ワインの強さの源泉は、原料ブドウの糖の豊かさです。それをすべてアルコールに変えれば、いわゆる強いワインになり、逆にそれを残すかたちで仕上げれば甘口ワインになります。私は、地中海的志向が求める「強さ」は、単にアルコール度数に還元できるものではなく、むしろ原料ブドウの糖の豊かさとそれを可能にしている自然的・技術的条件だといったほうがよいと考えます。というのも、アルコール度数の高さと甘さは、いわばどち

らも「わかりやすい」指標だからです。思い切っていえば、アルコールの高さと甘さは、（ワインを飲む）人間にとっての普遍的な嗜好《しこう》であり、一次元的な指標で測定可能だという点で共通しているからです。

実際のところ、特にアルプス以北の世界から見たとき、地中海的なワインに対する需要は、単にアルコール度数の高いワインにだけ向いていたわけではありません。甘口ワインに対する需要も高かったのです。一七世紀前後のヨーロッパ人の大西洋方面の海外進出の大きな目的の一つはサトウキビの生産でした。いわゆる三角貿易[2]です。当時、砂糖は贅沢《ぜいたく》品であり、甘さは豊かさと権力の象徴でした。甘口ワインもまたその文脈で珍重されました。そもそも酒精強化ワインは、アルコール発酵の途中でブランデー添加をおこなえば甘口にも仕上げられるワインです。またワインに砂糖を添加することもしばしばおこなわれました。

いずれにせよ、ヨーロッパ・ワインの地中海的進化は、需要面からいえば、単に長距離の航海上の必要というだけではなく、いわば豊かさへのあこがれという次元にも条件づけられていたことを看過すべきではないでしょう。ただ時代が下るにつれ、砂糖の安価な大量生産が可能になり（その背後に奴隷労働に依存するカリブ海のサトウキビ・プランテーションがあるのですが）、少なくともヨーロッパ人にとっては贅沢品というよりは日用品に変わっていきます。甘さが権力の象徴でなくなっていくわけです。そしてそのなかで甘口ワインに対する需要も軟化したのは事実です。豊かさへのあこがれは、それが満たされると急速に陳腐化するものなのです。

差異に重きをおくワイン

ここで話を図5のF（ちょっと乱暴ですがフランスのFです）のエリアへ向かう軌跡のほうに移しましょう。これは差異／個性にプライオリティを置く方向での進化を示しています。やはり先に述べたように、この方向での進化は、すでに中世の後期からアルプス以北の世界で修道院（前講ではブルゴーニュのシトー派修道会を取り上げましたが、ドイツではシトー派だけではなくベネディクト派の修道会もおおきな役割を果たしました）がその先鞭《せんべん》をつけていました。経済的な自立の必要から、一方で自給的なワインもつくりつつ、他方で付加価値の高いワインの生産の必要にも直面し、彼らは徹底した観察と記録を通じて、土地をその特性に応じて細分化し、それぞれの区画の特性を最大限生かす方向でワインづくりを進化させたのです。

地中海世界とアルプス以北の世界の統合によって、より大きなヨーロッパ世界が形成されたことと歩調をあわせて、一六世紀以降のヨーロッパでは社会の商業化が進みます（この傾向自体はヨーロッパ以外のユーラシア地域にも共通しています）。さらにそれにともなって都市の性格も変化してきました。それまで都市には、聖俗の役人、軍人、商人、職人、娼婦や物乞いのような下層民が暮らしていましたが、この時期からそこに、不在地主化した貴族と労働者（ないしは労働の機会を求めて都市に流入してくる人々）が加わります。そして都市の豊かな商業階級と貴族とのあいだの区別は次第に溶解して、一つの新たな都市エリート階級が形成されてくるのです。それは限定的な規模ながら先駆的な消費社会の様相を示すものでした。ひらたくいえば、ファッション（流行）が発生するのです。そしてそれはワインにも及びます。

つまり、一方で生産側では、徹底した観察と記録からワインの質を高め、差異／個性を付加価値としてワインをつくる傾向が、他方で消費側ではワインを一種のファッションとして消費する傾向が生まれてきたわけです。この両者がかみあう位置にある典型的なワインとして、ここではシャンパーニュをとりあげましょう。

シャンパーニュは、パリの北東部に位置するフランスの一地方です。古くから交通の要衝で中世には大市が立ちました。そのころからすでに同地はワインの産地ではありましたが、当時のワインは現在「シャンパーニュ」とよばれる発泡性のワインとはまったく異なるスティル・ワイン（非発泡性ワイン）でした。

ではいつからシャンパーニュでは発泡性ワインがつくられるようになったのでしょう。しばしばこの問いの答えとして言及されるのは、ベネディクト会の修道士でオーヴィレール修道院の出納役であったドン・ピエール・ペリニョン（一六三八－一七一五）です。そうです。あの「ドンペリ」に名を残すドン・ペリニョンです。彼については、やまほどの逸話が語られています。収穫されたブドウを一粒口に含むだけで、どこの畑のものか言い当てたとか、はじめて自ら醸した発泡するワインを口にして「星を飲んでいる」とつぶやいたとかいった話ですが、こういった伝説は、ほとんどつくり話と考えてよさそうです。そもそもシャンパーニュのワインがペリニョン師によって急に泡立つようになったわけではありません。

実は、ドン・ペリニョンの時代より前、ざっと一五〇〇年頃までシャンパーニュ地方のワインに泡はありませんでした。シャンパーニュはブルゴーニュと並ぶスティル・ワインの銘醸地だったのです。状況が変わってきたのは、一五世紀後半の小氷河期です。北半球全体で気温が下がり、ヨーロッパの各地で河川や湖の凍結が起こりました。テムズ川やヴェネツィアの運河でさえ凍結したそうです。

もとよりシャンパーニュ地方はたいへん緯度の高い寒い土地です。そこへもってきて寒冷化です。収穫が終わるとすぐに冬の気配が近づき、とれたブドウをワインに醸造するあいだにもどんどん気温が下がっていきます。アルコール発酵にかかわる酵母は、一般に一〇度以下になるとほとんど活動を停止します。果汁中にまだ糖分が残っていても、温度が下がればそれ以上アルコール発酵は進まなくなるのです。しかし春がきて気温が上がれば、酵母は活動を再開します。すでに述べましたが、アルコール発酵の本質は、酵母が糖を食べて、アルコールと炭酸ガスを排出する過程です。そうです。炭酸ガスです。結果として、ワインは春に泡を噴いてしまいます。ワインが樽に入っている状態のままならば、それはたいして悪いことではないのですが、当時は樽に長くワインを保存することについて賛否が分かれていました。できるだけ早く瓶詰めすることがワインのもつ芳香を失わさせないために重要だという考えも強かったのです。そして瓶につめられた状態で同じことが起これば、中身のワインには炭酸ガスが封じ込められ、いざ飲もうとコルクを抜いたときに泡が立ちます。

このような泡の出るワインは、端的にいって不良品だと考えられていました。そのようなワインを楽しむ嗜好自体がほとんどなかったのです。そして、実をいうと、ドン・ペリニヨンは、このシャンパーニュ産ワインの不本意な泡立ちを撲滅するためにで(また寒冷化のなかでかつての銘醸地としての名声に恥じないスティル・ワインをつくるために)、オーヴィレール修道院に着任してきたのです。一六八八年のことでした。

そもそもアルコール発酵に酵母が介在しているということ自体まだ知られていない時代でした。彼がおこなったのは、そう、徹底した観察と記録、そしてその分析です。そこから彼は泡を出さないようにするための（そして味わいが良く、酒質の安定したスティル・ワインをつくるための）いくつかの経験則を見出していくのです。

ところが皮肉なことに、ちょうどドン・ペリニョンがオーヴィレールで奮闘していた頃から、消費サイドのほうで状況が変化してきました。泡の出るワインのブームがやってきたのです。最初に発泡性のワインに対する嗜好が生まれたのは、シャンパーニュに近いパリではなく、ロンドンの社交界でした。時はちょうどチャールズ二世の治世。さきほど述べた新しい都市エリートがいささか退廃的な文化に浸っていた時代です。この時代のイギリスを最初の消費社会と捉える歴史家もいます。保守的な美食家のなかには、そんな泡の出るワインなどワインではないと拒否する向きもあったようですが、それにもかかわらず急速にブームとなり、やがてそのブームはパリの宮廷にも及びました。ルイ一四世は（泡の出る）シャンパーニュが大好きでした。

今日、シャンパーニュは発泡性ワインの代名詞といってもよいくらいの圧倒的な産地ブランド力を誇るワインです。シャンパーニュの業界団体は、このブランド力の維持に神経質なくらい厳しい姿勢で臨んでいて、「シャンパーニュ」という名称を発泡性ワインの代名詞として使う（つまりシャンパーニュ産でない発泡性ワインに「シャンパーニュ」の名を冠したラベル表記をする）業者には、世界中のどの国だろうが、容赦なく訴訟を起こして回っています。

デザインされた商品

シャンパーニュでつくられなければシャンパーニュではないという考え方は、それ自体、差異／個性志向を示すものですが、より重要なのは、そもそも発泡性のワインが、ファッションとして、ちょっと高級にいえば記号的消費として発生してきたことです。シャンパーニュを製法の点で他のワインとわける最も重要な工程は瓶内二次発酵、すなわちまずスティル・ワインとしてつくられたワインを瓶に詰め、そこに酵母と糖分を添加して瓶内で再度アルコール発酵を起こし、それによってアルコール度数を高め、炭酸ガスを溶かし込む工程です。この工程自体は、寒冷化への対処（寒い土地ではブ

シャンパーニュのアッサンブラージュ
（Halliday & Johnson, 2007）

ドウの糖度が上がらずワインのアルコールも弱くなります）と確実な発泡のためのものですが、この過程の前後に、シャンパーニュに特徴的な二つの工程が入ります。

一つは二次発酵の前、アッサンブラージュという作業です。これは要するにワインのブレンドです。繰り返しになりますが、寒冷なシャンパーニュでは、ブドウの糖度があまり上がらず、そのまま醸造してもあまり強いワインはできません。それだけでなく、年による出来の差も大きくなります。そこで毎年安定した酒質の製品を供給するために、複数の年の原料ワインをキープしておき、それらをブレンドしたうえで二次発酵に進むのです。(3) 今日シャンパーニュ・メーカー、特に大手のメーカーにとってこの工程はきわめて重要です。というのもできあがったシャンパーニュの味わいは、いわばこの作業で設計《デザイン》されるものとなるからです。大手であればあるほど、一方で自社のブランド・イメージのアイデンティティを保持しつつ、他方で市場の流行にあわせたスタイルをこのアッサンブラージュの工程で実現せねばなりません。もちろん他のワインもある程度市場の流行にあわせて、目指すべきワインの味わいを決め、そこへ向けてブドウの栽培や収穫、醸造などを調整する側面はありますが、記号的消費に照準を定めての味わいの設計という点でシャンパーニュは抜きんでています。

もう一つは二次発酵のあと、瓶にたまった澱《おり》を抜き、そのあとに加糖した原料ワイン（「門出のリキュール」とよびます）をすこし補塡する作業です。ドザージュとよばれます。これもまた味を設計《デザイン》する作業です。このときにどの程度の加糖がおこなわれるかで、辛口か甘口かが決まるのです。どの程度の加糖をしたのかについては法令で定められた表示があります。おそらくみなさんが一番よく見かけられるのは、「Brut」ないしは「Extra Brut」の表記でしょうね。前者は添加された糖分が一リットルにつき一五グラム以内、後者は同じく〇 - 六グラムの場合に用いられます。現在はこの門出のリキュールを添加しない（すなわち加糖しない）タイプ（Brut Zero, Brut Non Dosé, Ultra Brut などと表記されます）に人気があるようですが、かつては一リットルあたり五〇グラムもの加糖を行うドゥー（doux）こそが最高とされた時代もあります。それも含めて、これもやはり一種のファッション、流行にあわせてつくられるシャンパーニュというワインのきわだった特質が表れている部分だといえましょう。

普遍的なおいしさと多様性

話が長くなってしまいましたが、図5のMとFの二つのエリアを志向する軌跡を、酒精強化ワインとシャンパーニュを例にたどってみました。図の残りの部分を説明するために、最後に二つのことを指摘しておかなければなりません。

一つは、MとFの両エリアは、必ずしも第一象限のなかには収まらないということです。図5では、それをそれぞれ縦軸と横軸にかかる点線のエリアで表しました。というのも、まず一方で、さきに述べたように、「強さ」を志向するということは、普遍的な嗜好への収斂《しゅうれん》という傾向をともないやすいからです。言い換えれば、どのワインも同じ味わいに近づいていくこと、つまり差異／個性の否定です。したがって、その場合の軌跡は、縦軸では正の方向に進みながら横軸では負の方向に流されて第二象限に入ることになります。逆に差異／個性を志向するということは、そのような「普遍的なおいしさ」への収斂に対して多様性を対置する傾向につながりやすいといえます。場合によっては、わかりやすい味わいや流通の容易さといったことには背を向ける方向に価値を見出すケースもあるでしょう。そういったケースでは軌跡は横軸では正の方向に進みながら、縦軸ではむしろ負の方向にふれて、第四象限に入ることになります。この第二象限および第四象限にかかる軌跡は、今日のワインのグローバリゼーションを語る際にもしばしば延長され、それぞれグローバル志向のワインとテロワール志向のワインといった表現で語られます。このことについては第二部で論じましょう。

もう一つは、図のなかのO（Overlapping［重なり合う］とOutstanding［卓越している」のO）のエリアへ向かう傾向です。いま述べたとおり、図のMへ向かう地中海的な「強さ」志向とFへ向かうアルプス以北的な差異／個性志向とは、傾向としてはたがいに斥《しりぞ》け合う側面をもっています。しかし、それはあくまで一つの理論的な単純化です。実際的には、二つの志向が重なり合う局面も多いのです。たとえばMへ向かう方向の例として挙げたシェリーは、ソレラ・システム(4)という独特の製法でつくられるため、まさに均質な「強さ」志向のワインだと思われがちですが、実際には内陸部で暑いモンティーリャのシェリーは、熱に弱いフロール(5)が夏に消えやすいので酸化した風味が出やすく、逆に河口に面して海風の吹くサン・ルカール・デ・バラメーダのシェリーはフロールが分厚く繁殖し、新鮮ですこし塩味《えんみ》を感じさせる風味に仕上がります。その意味では、差異／個性志向にふれる進化も遂げているわけです。

逆にFへ向かう方向の例として挙げたシャンパーニュも、実はさきほどもすこし触れましたが、近世――ここではおおむね一七－一八世紀――において、そのほとんどが甘口、それもしばしば極甘でした。しかも糖分の添加によってデザインされた味としてです。先に述べたとおり、近世のヨーロッパでは、甘さは豊かさと権力の象徴でした。シャンパーニュの産地としてのブランドの確立は、他方ではそのような甘さに対する「普遍的」嗜好に応えることによる面もあったのです。

以上、今回は、ワインにとっての近代の軌跡を、「強さ」志向と差異／個性志向の座標軸上にスケッチしてみました。繰り返しますが、この座標軸は理論的な単純化です。ある意味では、近代的なワインの進化は、リアリティとしてはそのような単純化の例外が増殖していく過程でありながら、認識枠組みとしてはそのような単純化が強化されていく過程といえるかもしれません。……おっと、またすこし先走りすぎました。次回では、さらに一九世紀以降のワインの進化の軌跡を追い、現代のグローバリゼーションの議論につないでいきましょう。

第五講　ワインの「長い二〇世紀」

近代に特有の「再帰性」

近代を論ずる際に、社会学では、しばしば再帰性という概念が登場します。再帰性は英語では「リフレクシヴィティ（reflexivity）」といいます。字義どおりにとれば「自己を対象化すること」といったところでしょうか。再帰性自体は、別に近代に特有というわけではなく、およそ人間の行為全般を規定する特性です。たとえば、ひまわりのように向日性のある植物は、太陽のほうに花が向きますよね。でもそれは光という刺激に対して反応しているだけです。それに対して、たとえば人間が日光浴をするのは、日光を浴び足りていない自分という認識があって、その状態を変えるという目的と意志をもってするわけですよね。これがここで「自己を対象化すること」の意味です。もちろんそれがある種の慣習になっていて、特に意志の作動を感じていないとしても、たとえばオゾンホールが広がって皮膚ガンの危険性があるという情報が入れば、その慣習を修正したり破棄したりするわけですから、その意味で潜在的には常に「対象化」されているわけです。このことを、アンソニー・ギデンズという社会学者の言葉ですこし難しく表現すると「人間は自らの行為とその行為が生じた脈絡とを常に一貫してモニタリングしている」という具合になります。

一般にこの再帰性は、近代以前においては、基本的に「伝統」の枠内でしか発揮されにくいものでした。これまでのやり方になんらかの反省的な視線を向けて、なんらかの工夫をするということはもちろん近代以前にもあるわけですが、それはあくまで「伝統」の枠から出ないとみなされるかぎりで許されるものでした。既存の伝統を明示的に否定したり、そうでなくても既存の伝統から逸脱するとみなされることは危険なこととして政治的、文化的、道徳的に抑圧されてきたのです。

しかし近代に入ると事態は逆転します。すなわち伝統という枠のなかに再帰性があるのではなくて、再帰性という基盤のうえに（伝統も含めて）あらゆる社会的活動が正当化されるようになったのです。具体的にいえば、なにをするにも「なぜほかの仕方ではなく、その仕方でするのか」という問いに、少なくとも潜在的には答えを用意していなければ、その行為が正当化されないということです。これもギデンズにならって、すこし難しく表現すると、近代においては「社会の生活形式はすべて、その生活形式にたいする行為者の認識によって部分的に構成」されていて、再帰性があらゆる行為の領域で「見境もなく働く」という具合になります。

このように再帰性が、伝統の枠内で作用する時代から、むしろ伝統が再帰性の基盤のうえでしか正当化されない、あるいは端的に再帰性によって伝統が否定されてしまう時代への転換は、ワインの世界にも及びます。その分水嶺は一九世紀の後半にあると私は考えます。この時期にワインの世界に、二つの重要な事件が起こったからです。

パスツールの登場

一つは、パスツールの登場です。ルイ・パスツールは一八二二年生まれのフランスの生化学者、細菌学者です。彼の業績は、化学、生物学、医学にわたり、挙げればキリがないぐらい多彩ですが、ワインに関していえば、アルコール発酵が微生物（酵母）の働きによるものであることをはじめてあきらかにしたことが最大の功績です。逆にいえば、それまでのワインづくりは、ブドウを収穫したあと、果汁をしぼって、これまでそうしてきた手続きにしたがっていると、どういうわけかできあがるものでした。わかりますね。これが、さきほどの「再帰性が伝統の枠内でしか作用しない」状態なわけです。

パスツールの発見によって、アルコール発酵が、「どういうしくみかはわからないができてしまうもの」から、「しくみがわかったうえで（したがってその過程を制御できるものとして）起こせるもの」に変わりました。実際、パスツールは、俗にいう「ワインが酢になる」現象が、アルコール発酵とは別の微生物によって起こる酢酸発酵であることも突き止め、六〇度で数十分間加熱することで、この原因となる微生物を殺菌し、ワインの品質を保つ方法を見つけました。いわゆる低温殺菌法です。この手法は、現在でも牛乳などで実際に用いられています。

パスツール以降、ワインづくりの技術は加速度的に科学との連携の度合いを強めていきます。しくみを理解したうえで制御するものに変わってくるわけです。裏側からいえば、ワインづくりにおける「伝統」は、もはやゲームのルールではなく、ゲームのツールに変わったといってもいいでしょう。それに従わなければワインづくりの世界に入っていけないものではなく、自分がつくりたいワインという目的のために利用できるとわかれば利用するもの——伝統の意味がそういうふうに変わってくるわけです。

誤解はないと思いますが、こういったからといって、私はパスツール以前には、ただ伝統に盲従するワイン農家ばかりで、せいぜい偶然的な変化以外には一切技術革新がなかったなどといっているのではありません。前回の議論からもあきらかですが、たとえば、地中海型のワインの進化には蒸留の技術が前提となっています。

すこし話を前近代に戻すと、蒸留の技法がキリスト教圏に入ってきたのは一二世紀頃。科学史家がしばしば「一二世紀ルネサンス」とよぶこの時期は、地中海では十字軍の遠征と並行して、カトリック圏とビザンツ圏、そしてイスラム圏とのあいだの交通が盛んになった時期です。古典古代の学術は(西)ローマ帝国の滅亡後、イスラム圏に継承され、そこでさらに発展を遂げていましたが、この時期にその成果がラテン語に翻訳されてキリスト教圏に紹介されるようになりました。いうなれば、蒸留は当時最先端の科学的実験技法の一つだったわけです。

もちろん、当然といえば当然ながら、そんな最先端技術がすぐにワインづくりの現場に結びついたわけはありません。それはごく一握りの限られた「哲学者」——当時にあっては、およそ真理を探究する者はみな哲学者であって、哲学者と科学者に区別などありませんでした——のものでした。実際、当時にあって蒸留は、なにより錬金術の基本的な技法だったのです。蒸留の原理がある程度実用的に普及するまでには数世紀という長い時間がかかりました。そのうえではじめて酒精強化ワインとしてのシェリーやポートが確立されたわけです。

ただ、そこに至るまでの現場でのさまざまな工夫の積み重ねは決して無視できるものではありません。蒸留酒(ブランデー)添加の技法は、いわば日々の技術革新のうえに確立されたものです。技術革新そのものが不在だったわけではないのです。

結局のところ前近代社会においては、「科学」の担い手は聖職者か貴族です(近世に入ると次第にそこにブルジョワが加わってくるわけですが)。他方、技術の現場で働いているのは職人や農民、つまり平民や農奴です。この階級差が、科学と技術の直接的な連動をきわめて限定的なものにしていたのです。

技術進歩とシャンパーニュ

一九世紀の半ばをすぎると、科学的発見が技術的応用を目的とし、技術的発展が科学的根拠を前提とするような制度的結びつきが形成されます。今日の科学技術のあり方も基本的にその延長線上にあります。企業が資金を提供し、大学が社会的ニーズの高い研究に直接とりくむ「産学協働」は、当たり前になりました。ワインの世界でいえば、たとえばカリフォルニア大学デイヴィス校やフランスのボルドー大学、オーストラリアのアデレード大学(ローズワーシー・カレッジ)などは、そのような研究室と現場を結ぶ拠点の代表格です。

蛇足ですが、今日では、純粋な基礎科学のように直接現場での技術的発展に結びつく道が見えにくい研究は、なにやら肩身の狭そうな感じがします。それで「基礎研究の充実がなければ応用研究の発展もないのだ」とか、どうにか(回り回って)「役に立つ」ということをアピールすることになるわけですが、近代以前には、そもそも真理が、なにかの「役に立つ」という観点から評価されたり、正当化されたりすることはほとんどなかったわけなんですね。

それはさておき、前近代的な技術革新は、もちろん地中海的な進化だけにかかわる話ではありません。アルプス以北的な進化の典型として挙げたシャンパーニュも、もちろん瓶内二次発酵という手法自体が技術革新ですが、その瓶内二次発酵を可能にする前提には、コルク栓とガラス瓶の実用化があります。この二つが組み合わさってワインの世界に導入されたのは一七世紀のことです。

シャンパーニュには炭酸ガスが溶け込んでいますから、当然ガラス瓶にはガスの圧力がかかります。特にシャンパーニュの場合、法令で五気圧以上のガス圧があることが条件とされており、実際、ほとんどのシャンパーニュは六気圧程度のガスを含んでいます。これは水深五〇メートルまで潜ったときに感じる水圧とほぼ同程度です。ガラスは素材としては古代からあったものですが、これだけの圧力に耐える強度をもったガラス瓶を一定の規模で生産できるようになったのは近世もかなりあとの話です。

実際、一七世紀頃まで、ガラス瓶の強度にはムラが多く、なにかの原因で瓶の内圧が高まりすぎれば、簡単にシャンパーニュは爆発しました。たいへんな危険業務だったのです。シャンパーニュ職人は瓶内二次発酵後のシャンパーニュの取り扱いの際には、顔面を防護する金属製の仮面をつけて作業していたほどです。

このガラス瓶とコルクという二つのマテリアルの導入は、単にシャンパーニュにとってだけでなくワイン全体にとって画期的なことでした。というのも、ガラス瓶とコルク栓によって、ワインを空気から遮断して保存することが可能になり、これによって今日いう意味でのワインの長期的熟成に道がひらかれたからです(1)。極論すれば、これ以降、ワインに新しい付加価値の次元が一つ加わったといってもいいくらいです。

ワインのポテンシャル

ワインの初心者の方に、ときどき「ワインって古ければ古いほどおいしくなるんですよね？」と聞かれることがあります。今日市場に出回るようなワインに関していえば、これは、あまり役に立たない考え方です。次の図6を見てください。横軸が瓶詰め後の経過時間、縦軸がおいしさです。まあ、おいしさなんて一次元的に測れるようなものではありませんが、そのワインがもっているポテンシャルがどれくらい伸びるかをざっくりととらえたと思ってください。

まずAの曲線。これはかなり高級なワインの例です。瓶詰め直後でも十分おいしいわけですが、その後かなり長い間、しかも非常に高いレベルにまで味わいが複雑、繊細、奥行きの深いものになっていきます。しかし永遠に昇っていくわけではなく、やがてどこかでピーク・アウトして、その後ゆっくりと衰えていきます。この衰えていく過程の「枯れた」味わいを好まれる方もいらっしゃいますが、実際のところは比較的若い状態で楽しまれている方も多いだろうと思います。いずれにせよ、好みに合わせて適切な熟成加減で楽しむ、あるいは逆に熟成のそれぞれの段階の良さを一期一会と心得て楽しむべきものでしょう。決してやみくもに古ければよい（良いワインほど古酒に価値が出るとはいえますが）というものではありません。

対してBの曲線。これはぐっとカジュアルなワインの場合です。少し極端に描きましたが、瓶詰め直後がピークであとは急速に衰えていきます。熟成のポテンシャルはありません。たいていの場合、価格もぐっと安い（ざっと二〇〇〇円以下といったところでしょうか）です。ですが、決して悪いワイン、まずいワインというわけではありません。できたてのフレッシュな味わいを楽しむべ

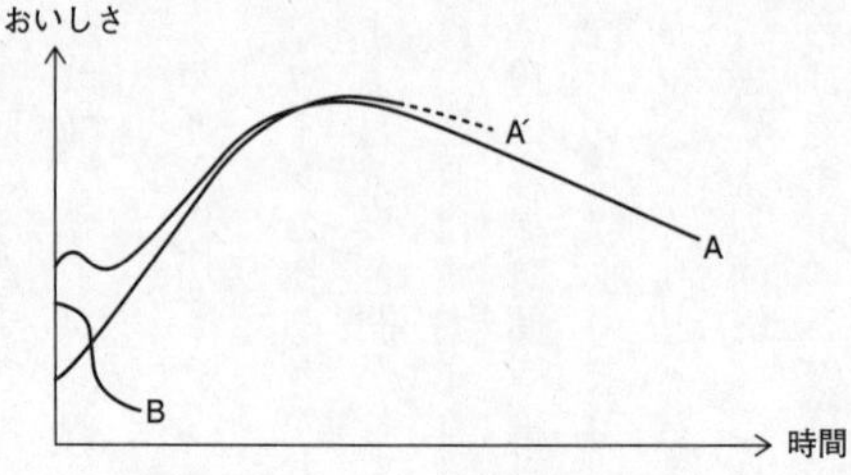

A　良いものほど熟成のピークが高く、持続する期間も長い。ピークをすぎても、ゆっくり衰える。
B　熟成のポテンシャルがなく寿命が短い。

図６　ワイン瓶詰め後の味の経過

きだということです。果実由来の風味で飲む、いわば生鮮食料品としてのワインなのです。みなさんになじみの深いところでいえば、ボジョレー・ヌーボーは基本的にこういうタイプのワインです。ですから、よほどの例外でない限り、ボジョレー・ヌーボーは、できるかぎり早く飲むべきです。

もちろん個々のワインによってその熟成のポテンシャルはさまざまですから、ピーク・ポイントの早さや高さはいろいろです。ただもう一点だけ、ここでお話ししておきたいのは、残るA'の曲線についてです。Aと同様、ピークの高い高級ワインですが、縦軸との交点、つまり瓶詰め直後の「おいしさ」は、あまり高くありません。あえて過去形で語りますが、たとえばフランスのボルドーやスペインのリオハ、イタリアのバローロのような「伝統」的な長熟型の高級ワインがこの典型でした。こういった長熟型のワインに共通するのは、タンニンの量が多いということです[2]。

タンニンには抗酸化作用があり、色素（アントシアニンのようなポリフェノール類[3]）の安定化と抗菌作用があるので、タンニンの豊富なワインは長持ちしますが、それ自体としては収斂性の渋み（冷めた濃い紅茶を口に含んだ感覚を思い出してください）があるので、瓶詰め直後は、渋味ばかりが前に出て、あまり楽しめません。しかしガラス瓶とコルクの導入によって瓶詰め後の長期熟成が可能になると、瓶内でゆっくりタンニンの成分が重合・縮合して沈澱し、逆に上澄みの液体は清澄度を増して、口当たりがまろやかになると同時に、独特の複雑な香気を帯びて、ワインに別次元の価値が生まれます。数年かそこらの話ではなく、数十年というスパンでの熟成です。ワイン好きも、こうした古酒の魅力にとりつかれるあたりからが、病膏肓《こうこう》といったところです。

しかしたとえばイギリスの貴族が、ボルドーの高級シャトーから代々にわたって毎年何十ケース何百ケースという単位で購入し、所領の邸宅の地下室なりワイン蔵なりで何十年も寝かしつつ、大小の宴席のたびによく熟成されたものから順に飲んでいくといった時代ならともかく、今日では、高級ワインも瓶詰め後、せいぜい数年で市場に出されます。そして多くの消費者は、そんなに悠長に熟成を待っていられません。買ってすぐに飲まれることさえしばしばです。詳しくは第二部で触れますが、ボルドーでいえば、この変化の背後には特に二〇世紀後半以降消費地の重心がイギリスからアメリカにシフトしたことが大きく影響しています。

しかしそうなると、A′のような「長い熟成の果てに至福の味わいが待っている」的なワインは市場から敬遠されてしまいます。実際、ひと昔前までアメリカでは、同じボルドーでも、タンニンが多いカベルネ・ソーヴィニヨン種のブドウ主体のメドック地区(いわゆるボルドー左岸)のワインより、相対的に若いうちから口当たりの柔らかいメルロー種のブドウ主体のポムロール地区やサンテミリオン地区（いわゆるボルドー右岸）のワインのほうに人気がありました。

しかし話はここでは終わりません。ボルドー左岸のワインも、さらなる技術革新――その代表は微酸化処理といわれる技術ですが、それについては第二部でお話ししましょう――で若いうちからも、かなりな程度楽しめるつくりに変わってきたのです。その結果として、二〇世紀末以降、高級ワインのつくりは、先の図6でいうとA′からAへ、かなり急速にシフトしてきました。

すこし話が先に進みすぎてしまいました。確認しておきたいのは、近世のアルプス以北的なワインの進化にも技術の進歩という条件はあったということ。しかしその技術の進歩は、再帰性の弱いものであったということ。それに対して、一九世紀後半以降、特に二〇世紀において、そういった近世的な技術の蓄積を前提として、加速度を増しながら技術革新が進んだことです。科学と技術とが相互にフィード・バックしあう制度は、その加速度の条件にほかなりませんが、さらにいえば、そのような制度が構築されたのは、近代（一九世紀後半）以降、社会全体が再帰性を高めたからなのです。

フィロキセラ大流行

ここまで再帰性を鍵にして一九世紀後半の変化について述べてきましたが、社会の再帰性そのものを目に見えるかたちで観察するのは意外と難しいものです。技術革新ということだけに注目すると、ここまで述べたように近世にはもちろん、中世や古代にも連綿と技術の現場における経験知の蓄積や継承はあったわけです。したがってどうしても区別はすこし抽象的になります。もうすこし目に見えやすい変化の指標はないのでしょうか。そこで、話を一九世紀後半にワインに起こった二つの事件の二つめに移しましょう。それはフィロキセラの大流行です。

フィロキセラとは、ブドウにつく害虫のことで、和名をブドウネアブラムシといいます。非常に小さな寄生虫で、その名のとおりブドウの根について行ってブドウの木を枯らします。一九世紀後半に、このフィロキセラが大流行し、ヨーロッパ中のブドウ園を壊滅的な状態に追い込みます。特にひどい被害にあったのはフランスで、一八七〇年代までフランスは輸出八対輸入一の割合でワインの純輸出国であったのに対して、一八八〇年には輸入三対輸出一で純輸入国になってしまいました。被害がピークとなった一八八七年には、輸入六に対して輸出一となるところまで生産が落ち込んだのです。

実にフランスのブドウ畑の三分の一がこのときに失われたままになりました。

実は、このフィロキセラはもともとアメリカの東海岸のブドウの木に生息していました。植物学的にはブドウはブドウ科ブドウ属の蔓性《まんせい》落葉樹ですが、このブドウ属にはその下位区分としていくつかの群があります[4]。そのうちワインづくりの観点から特に重要なのは、俗にヨーロッパ系ブドウと呼ばれるヴィティス・ヴィニフェラです。今日、およそまともなワインとみなされているものの原料はごくわずかな例外を除いてすべてこのヴィティス・ヴィニフェラに属するブドウ品種からつくられています。

他方、アメリカ大陸ではこれとは別にヴィティス・ラブルスカ、ヴィティス・リパリア、ヴィティス・ルペストリスといった系統のブドウが生育していました。ヴィティス・ラブルスカは、主として生食用のブドウになります。品種としてはデラウェアなどが有名です。日本の巨峰もこの系統のブドウから交配によってつくられたものです。ほかにナイアガラやコンコードといった品種がワインにされることもありますが、この種のワインには、「フォクシー・フレイヴァー」とよばれる、ブドウゼリーのような香りがともない、この香りは本格的なワインとしては欠点だと考えられています。

フィロキセラとの関連で重要なのは、ヴィティス・リパリアやヴィティス・ルペストリスといった系統です。これらのブドウはフィロキセラに耐性をもつからです。実際、大航海時代以降、一九世紀に至るまで、新大陸に定住移民してきたヨーロッパ人とその子孫たちのなかには、ヨーロッパ並みの本格的なワインをその地でつくろうと、ブドウの苗木をヨーロッパから運んできて栽培を試みた者が少なからずいたのですが、そのほとんどが失敗に終わっていました。大きな原因の一つが、ヴィティス・ヴィニフェラにフィロキセラに対する耐性がなかったことです。ヨーロッパから運ばれてきたブドウの苗木は大半が、この土着の害虫の餌食になってしまいました。しかし当時の人々は、その原因がフィロキセラにあるということを知りませんでした。だからなぜヴィティス・リパリアやヴィティス・ルペストリスのようなアメリカのブドウは枯れないのに、ヨーロッパからもってきたブドウは枯れてしまうのかもわからなかったわけです。

フィロキセラ禍後の変化

一九世紀の後半まで事実上、アメリカにもってきたヨーロッパ系ブドウに起こる風土病のようなものでしかなかったフィロキセラが、ヨーロッパにやってきた直接の原因の一大問題は蒸気船です。フィロキセラのライフ・サイクルはかなり複雑ですが、いずれにせよ、何週間の航海を生きのびることは難しく、ためにそれまでフィロキセラがアメリカからヨーロッパへやってくることはありませんでした。しかし蒸気船の登場で、大西洋両岸は一〇日足らずの行程に縮まりました。その結果、実験用の苗木としてアメリカから送られてきたブドウに付着していたフィロキセラが生きたままヨーロッパ（南仏のプロヴァンスが最初の上陸ポイントだと推定されています）にやってきたわけです。

最初の混乱のあと、どうやら目には見えない小さな寄生虫が原因であるらしいことまではわかりました。そしてさまざまな対策が試みられます。フランス政府も懸賞金を提供して解決法の考案を促しました。そのなかには、おまじない的にヒキガエルをブドウの木につるすとか、地面をたたいて寄生虫を海へ向かって追い出していくといった、トンデモ的なものも無数に含まれました。いくらかまともな対策としては、ブドウ畑に水を引いて寄生虫を溺死させる方法や、ブドウ畑の土壌を薬品で消毒する方法などがおこなわれましたが、いずれもブドウ畑に対するダメージがおおきすぎたり、コストがかかりすぎたり、（土壌の消毒に用いられた二硫化炭素のように）危険であったりして、十分有効な解決にはなりませんでした。

やがてみつかった決定的な解決は、ヴィティス・リパリアやヴィティス・ルペストリスのようなアメリカ系ブドウの台木にヨーロッパ系ブドウを接ぎ木することでした。

そもそもブドウはたいへん変異を起こしやすい植物で、種から育てると黒ブドウから白ブドウができたりします。したがって元のブドウの性質を保存して苗を増やす方法として、接ぎ木は一般的におこなわれていたことでした。他方、フィロキセラはブドウの根のみに寄生します。そこでフィロキセラに耐性のあるアメリカ系ブドウの台木にヨーロッパ系ブドウを接ぎ木するわけです。

現在でも世界中のほとんどのブドウ畑でフィロキセラ対策として、この方法がとられています。もっとも当時、この方法がワインの味を損なうと考えた生産者も多く、高級ワインのつくり手のなかには頑なに接ぎ木を拒否したところもあります。その代表は、あのロマネ・コンティです。ロマネ・コンティの畑には一九四五年まで自根のブドウが残っていました。現在でもわずかにフィロキセラ以前からの自根のブドウ畑を残している生産者は存在しており（シャンパーニュ・メーカーのボランジェがつくるヴィエイユ・ヴィーニュ・フランセーズが有名です）、そこからつくられるワインは「プレ・フィロキセラ（フィロキセラ以前）」のワインとしてマニアからは珍重されています。

さきに述べたように、このフィロキセラはヨーロッパ、特にフランスのワイン産業に壊滅的な打撃を与えました。多くのブドウ畑が、あるいは放棄され、あるいは既存のブドウを引き抜いて、新たに台木から全面的に植えかえられました。いわば一九世紀の後半を境にフランスのブドウ畑地図はほぼ全面的に描き換えられたといってもいいくらいです。結果として、いろいろなことが起こりました。たとえば、フィロキセラ禍によって廃業に追い込まれたボルドー・ワイン醸造家たちがスペインに渡った結果、リオハのワインの品質はおおきく向上しました。またフランスの生産量の激減は、スペインやイタリアといった周辺国とのあいだでワインの市場をめぐって競争的な環境も生み出しました。一八七七年にはすでにチリからフランスへのワイン輸入の記録もあります。

　フィロキセラ禍に象徴されているのは、移動の増大です。それも文脈を横断する移動の増大です。蒸気船という新たな移動のインフラによって、ブドウの苗木とともに害虫がアメリカという文脈からひきはがされ、ヨーロッパの文脈に持ち込まれた結果としてフィロキセラ禍は生じました。そしてまたその結果として醸造家の国際移動が起こり、ワイン市場の国際競争も加速しました。再度ギデンズの言葉を借りれば、それは「脱埋め込み」と呼ばれる近代のもう一つの側面です。移動が乏しいところではヒトやモノは特定の文脈に埋め込まれていて、新しい出会いや解釈の機会はきわめて限られています。そのような特定の文脈から掘り起こさせるのが「脱埋め込み」の意味です。従ってそれは異なる文脈の横断を伴います。そしてこの「脱埋め込み」は、再帰性の高まりと表裏をなす関係にあります。なぜなら、文脈をまたぐ移動の増大は、他者――自分にとって当たり前のことが当たり前でない存在――に出会う頻度と確率を高め、そして他者に出会うことで自己を対象化する機会が増えるために再帰性が高まるからです。実際、フィロキセラ禍がその後のワインの世界に残したおおきな遺産は、ワイン生産への科学の積極的導入と政府によるその制度化でした。

現代にまで続く変化の過程

そろそろ今回のまとめに入っていかなければいけませんね。一九世紀の後半は、ワインのグローバル・ヒストリーを構成している何重もの地層のうちの重要な一つの層を成していることはまちがいありません。本講では、この層の成り立ちを、再帰性という社会学の概念を助けに借りつつ、パスツールの登場とフィロキセラ禍という二つの象徴的事件を通じて説明してきました。この一九世紀後半を境に、ワインの世界は変化が急激に加速してきます。そしてまたその変化を調整する機関として政府の役割も増大していきます。このことを端的に示すのは、一つにフィロキセラ禍以降の世界のワイン生産量の急激な増大、そしていま一つにフィロキセラ禍以降の偽造ワイン、偽装ワインに対する規制の必要性の増大です。

フィロキセラ禍への対応が、科学が制度的にワイン産業に導入される契機となり、このあとワイン産業にはさまざまな技術革新がつぎつぎと導入されます。農薬や化学肥料の普及、さまざまな機械の導入などです。それらの技術革新は、基本的に安定的な生産量の確保、生産量の拡大を目指すものでした。豊かな社会を生きる私たちは、つい忘れがちなのですが、ほんの百年ほど前まで、世界は基本的に物質的欠乏から自由ではなかったのです。近代化が先行した国においてさえ、ほとんどあらゆるものについて安定的な供給は社会の重要な課題でした。ワインももちろんその例外ではありません。一九世紀後半以降の科学技術の普及は、ワインの安定的な大量供給に道をひらきました。

しかし他方で、フィロキセラ禍は短期的にワインの供給過少を引き起こし、そこにつけこんだ悪徳生産者が、すでにしぼったブドウの皮に熱湯をかけて抽出した液体に甜菜糖《てんさいとう》を加え、その糖分からアルコール発酵を起こすことで、大量の偽造ワインをつくりました。また密輸のような、ある種伝統的な脱法行為も増加しました。こういった混乱のなかからワインのラベル表示に対する規制の要請が生じ、それはやがてフランスにおける原産地呼称統制（AOC）システムの構築に向かいます。

私が指摘したいのは、こうした変化は過去の歴史というよりも、むしろ現在にまで続く変化の過程だということです。事実、現在世界のワイン産業の最大の課題は、グローバルなワインの過剰生産にいかに対処するかということであり、そしてまたグローバリゼーションの進展にともなう「産地」の意味の見直し――多様化と透明性の両立――であるからです。この意味で、一九世紀後半から現在にまで至る期間は、ワインのグローバル・ヒストリーのなかの一つの大きな局面、いわばワインの「長い二〇世紀」を成しているように私は思います。(5)

ここからは第二部に話を移して、このワインの「長い二〇世紀」が、どのように展開して何をもたらしたのか、そして現在私たちの目の前に展開しているワインの世界の変化が、その背景のなかでどのように理解されうるのかということについてこれから論じていきたいと思います。

第二部　ワインとグローバリゼーション

第六講　フォーディズムとポスト・フォーディズム

第一部では、ワインというモノを通して、グローバリゼーションを長期的な歴史のなかで多層的に捉えるパースペクティヴを示しました。その作業は、ワインにおける「新世界」と「旧世界」という二分法の相対化からはじまり、ワインというモノの進化における再帰性の概念の導入で終わりました。ワインのグローバル・ヒストリーの起点と終点を成すこの二つの主題は、実際のところ、前回の最後に触れた、ワインの「長い二〇世紀」の現実の過程のなかに、織り込まれています。今回からの第二部では、ワインにおける「新世界」と「旧世界」の対比がいかに成立し、いかに解体して現在に至っているのか、そしてワインというモノの進化における再帰性の高まりがどのような帰結を生みつつあるのか、そういったことをお話ししていきたいと思います。

ワインの工業化

一般に産業の近代化とは、経済の中心が農業から工業にシフトすることだと考えられています。でもこの「シフト」ってどういうことでしょう。農業に従事している人口よりも工業に従事している人口のほうが多くなるということ？　そうともいえるでしょう。農業部門の総生産額よりも工業部門の総生産額のほうが大きくなるということ？　そうともいえるでしょう。しかし、もうちょっと本質的に考えると、近代化とは農業が工業化するということなのだといえないでしょうか。つまり、農業のやり方が工業に接近する（接近させられる？）変化が近代化なのだということです。具体的にいえば、たとえば大量生産によってコストを下げるとか、おおきさや形がそろった物しか店頭に並ばないといったようなことです。

パスツールの登場とフィロキセラ禍を象徴的な画期とするワインの「長い二〇世紀」は、この意味での近代化の過程を推し進めました。つまりワインづくりが農業から工業に変化していったということです。こんなことをいうと、「工業的にワインをつくるだなんて、ワインに対する冒瀆《ぼうとく》だ」とか、「ワインは個々の畑ごとの条件のちがいや収穫年の天候といった自然的偶有性こそに価値があるのだ」とかいった声が聞こえてきそうですが、まあ慌てないでください。

農業と工業の一つのおおきなちがいは、両者の自然との関係にあります。ちょっと乱暴ないい方にはなりますが、農業のほうが自然適応的で、工業のほうが自然支配的だとでもいえばいいでしょうか。すこし哲学的にいえば、農業においては、人間は自然のなかに埋め込まれた存在ですが、工業においては、人間は自然から自立した主体であり、自然は外的な素材にすぎません。もちろん農業社会においても、大規模な灌《かん》漑《がい》事業や干拓事業がおこなわれたり、品種選抜・品種改良が試みられたりといったことはあるでしょう。また逆に工業社会においても、特定の産業が特定の自然的な立地条件を要請することもあるでしょう。しかしそれはむしろ、一方で農作物をつくるという営みが、必ずしも純粋に農業的であるとは限らず、工業化しうるということを、また他方で化石燃料や鉱産資源を用いた生産が究極的には自然に制約されていて、純粋に工業的であるとは限らないということを示すにすぎません。

ですから、ワインが工業化したからといって、たとえばワインというモノから自然的偶有性がなくなる（隅から隅まで人間が設計したとおりの飲み物になる）というわけでもなければ、ましてやゼロから人工物によって合成されるというわけでもありません。もちろん程度問題としていえば、ワインの工業化によって、ワインというモノが、つくり手の意図をより良く反映するようにはなりました。またワインの工業化によって、特に安価なワインのなかには、人工的な「添加物」に近いもの（たとえば第一講で触れたオークチップやイチゴなど特定の果物の典型的な香りがつく培養酵母など）が用いられることも増えました。

ですが、ワインの工業化の最も顕著な帰結はもっと単純なものです。すなわちそれは生産量の増加です。一九世紀の後半、全ヨーロッパ的なフィロキセラの被害は、直接的にはワインの生産量を減少させました。特にフランスでは、ワインの自給さえ困難になりました。しかし他方で、このフィロキセラ禍は、ワインの世界の再帰性の制度化を推進する契機にもなりました。端的にいえば科学の導入と政府の介入です。そしてそれが目指したのは生産量の回復でした。

いささか乱暴な一般論ですが、自然に左右されやすい営みとしての農業においては、本来的に農家の第一の関心は安定的な生産にあります。フィロキセラのすさまじい被害とその生々しい記憶はその志向を強めました。制度化された技術革新は、単に量的改善だけではなく、質的改善をもたらすはずのものですが、一九世紀末から二〇世紀の中葉にかけて、ワイン産業の基本的な志向性は、まず安定的に――つまり、より自然に左右されずに――ワインを生産するということでした。

フォーディズム

この時期――特に二〇世紀に入ってから――一般的な経済史の文脈では、フォーディズム（Fordism）と呼ばれる経済体制が確立する時期でした。フォーディズムとは、ヘンリー・フォードが自動車会社のフォード社で確立した生産システムに由来する言葉ですが、ものすごく乱暴にいえば、大量生産と大量消費との組み合わせで回転する経済体制のことです。なんらかの科学的な技術革新によって大量生産（同じ量の労働力の投入でより多くの生産)が可能になると、同じものがその分だけ安価に供給できるようになります。値段が下がればそれを買う人が増えますし、回転も速くなります。そうして需要が増えれば、さらなる規模の大量生産が促されます。そうすれば、あらたな雇用が生み出され、しかも大量生産の効果でさらに価格は下がりますから、さらに裾野まで物質的恩恵がいきわたります。こうして生まれた経済拡大の好循環がフォーディズムです。フォーディズムは二〇世紀のはじめ頃から構築され始め、第二次大戦後から一九六〇年代くらいまでがその黄金期です。

もう少し正確にいえば、このモデルの中心にあるのは、自動車や大型家電のような耐久消費財です。作業工程を単純な要素に細分化し、それぞれの工程に専従する作業員をベルトコンベアにはりつかせて流れ作業で生産する「科学的管理法」が、フォーディズムの核心にあるからです。これは労働者を工場という大きな機械の部品にしてしまうという意味では、過酷なシステムですが(チャップリンの映画『モダン・タイムス』に出てくるイメージですね)、生産性の向上という点では画期的でした。日本でいえば、かつて三種の神器(真空掃除機、電気洗濯機、電気冷蔵庫)とか3C(カー、クーラー、カラーテレビ)とかいう言葉がありました。これらのプロダクトが庶民に普及していく過程は、フォーディズム的達成そのものです。

当たり前ですが、ワインは耐久消費財ではありません。むしろ庶民にとっては生鮮食料品に近いものです。なにより畑はそう簡単には工場のように管理できません。とはいえ、たとえばフィロキセラ対策で進んだ接ぎ木の普及は、畑の畝《うね》の整理を進め、作業効率を高めたばかりか、将来的には機械の導入にも道をひらくものでした。酵母の選抜や虫害・病害に対する対策の方法も進み、農薬や化学肥料も普及して（農薬や化学肥料の生産自体もフォーディズム化されたわけですが）生産性は確実に上がりました。また個々の家計の側から見れば、フォーディズム的発展による可処分所得の増加が、ワイン消費の増加にもそのままつながる時代でした。あふれるようにモノがあることが当たり前の今日とは違い、十分にモノがある、より多く消費できるということが、それ自体で幸せである時代だったのです。

そういう意味では、この大量生産→低価格の安定供給→大量消費→さらなる大量生産というフォーディズム的な循環は、ワインの世界にも及んでいたといってよいでしょう。つまり（冒頭述べた意味で）「農業が工業化」したわけです。実際、世界のワイン生産量は一九五〇年代でおおよそ二億ヘクトリットルあまりでしたが、一九七〇年代には三億ヘクトリットルを超えました。フランス人は一人当たり年間一〇〇リットルを軽く超えるワインを飲む生活水準に達しました。だれもが一週間に約ボトル三本飲む計算です。

ではこれでみんな豊かになって、メデタシメデタシだったかというとそうではありません。一九六〇年代の末頃からこのフォーディズムに限界が見えてきます。すでに述べたようにフォーディズムは大量生産と大量消費の循環で成り立っています。この循環の連鎖の弱い環は、大量につくられたものが実際に大量に消費されるかどうかというステップです。フォーディズムがうまく機能しているあいだ、このステップは価格の低下によってクリアされていました。「これまで高くて手が出なかった憧れのあの商品がこの価格で！」——これが庶民の目から見たフォーディズムの本質です。

しかし当然ですが、自動車にせよクーラーにせよ、やがてはほとんどの家庭にいきわたります。次は、一家に一台から一人に一台という話になるでしょう。しかし、それにも限界があります。もともとだんだんと薄利多売にしていくモデルであるうえに、当然といえば当然ながら、テレビがない家にテレビを売るよりも、二台目や三台目のテレビを売るほうがハードルは高くなります。すでに週三本飲んでいる人に四本目を買わせるのも難しいでしょう。したがって単に利潤率が下がるだけではなく、かつてなら安くつくれば売れたものが、次第に安くつくるだけでは必ずしも売れないかもしれないというリスクが高まってくることになります。

かくしてフォーディズムを前提にしたビジネスは持続可能性の限界に突き当たります。もちろん企業はこの限界を前に無為であったわけではありません。キーワードは規模から柔軟性（フレキシビリティ）へ、です。同じモノをいくら大量につくってももう儲《もう》からない。とすれば、できることは一つです。儲からないことはしない。逆にいえば儲かることしかしないということです。「儲からないことはしない」というのは具体的には、利潤率の低い部門を外注するということです。典型的には賃金水準の低い国への工場移転などがそれです。かつての三種の神器も、いまではマレーシア製や中国製がほとんどですよね。社会科学風にちょっとカッコよくいうと「リロケーション」といいます。立地の転換というぐらいの意味です。

そして「儲かることしかしない」というのは具体的には、高付加価値商品に特化するということです。これにはいくつかの道があり、たとえばシャープペンシルから鉱石ラジオ、鉱石ラジオから電子レンジ、電子レンジから電子計算機、電子計算機から液晶というふうに、順に付加価値の高い商品へ乗り換えていくというのも一つの道ですが、テレビがカラーテレビになり、ステレオになって、薄型になって、デジタル化して、というふうに本質的に同じ商品の高性能化・多機能化というのも一つの道です。

あるいはカラー・バリエーションが増えるとか、有名デザイナーとコラボとかいったように、デザインやブランド・イメージなどで高付加価値化を図る道もあります。外注にせよ、高付加価値商品への特化にせよ、鍵は柔軟性《フレキシビリティ》です。ぶっちゃけていえば、儲からないことはできるだけ早く切り捨てて抱え込まないようにし、儲かりそうなことを儲かるうちに儲かるだけやってしまう。そしてそれがまた儲からなくなったら、できるだけ早く切り捨てるということです。この柔軟性が鍵となる経済、できるだけ固定資本をもたずに、多品種少量生産で無在庫経営を目指す経済、これをポスト・フォーディズムといいます。

パリスの審判

では、このポスト・フォーディズムは、ワインの世界の鏡にはどのように映るのでしょうか。ここでも一つ印象的な事件を取り上げたいと思います。それは一九七六年のパリ試飲会事件です。この事件は、簡単に言うと、フランス・ワインとカリフォルニア・ワインをブラインドで（銘柄を隠して）飲み比べる試飲会(1)で、カリフォルニア・ワインが勝っちゃったというお話です。お若いワイン愛好家の方だと、なんだ、それだけのことかと思われる読者もおられるかもしれませんが、当時の衝撃はすさまじかったようです。長らくほとんど伝説に近かったこの事件ですが、現場に立ち会ったジョージ・M・テイバーというジャーナリストが、事件後三十年近くを経て、詳細なルポを著し（二〇〇七年に葉山考太郎さんと山本侑貴子さんの手で『パリスの審判』というタイトルで日本語訳も出ました）、背景まで含めてその歴史的意義をより冷静に考えられるようになりました。

試飲会の主催者は、パリでワインショップを営むイギリス人、スティーヴン・スパリュア。ワインショップの名はカーヴ・ド・ラ・マドレーヌといいます。おもにパリ在住の英米人を相手にワインを売っていた彼は、ワインに関心はあるがフランスのワイン文化に気おくれを感じているアメリカ人向けに――いまでもそうですが、一九七〇年代頃のアメリカではワインなどというのは、本当に限られた人のスノッブな嗜好でしかありませんでした――英語で教えるワインスクールを立ち上げることを思い立ちます。アカデミー・デュ・ヴァンです。

スパリュアは、ショップとスクールの宣伝を兼ねて、たびたびおおがかりな比較試飲会を催していましたが、一九七三、四年頃のこと、アメリカのあるワインライターの進言がきっかけで、カリフォルニア・ワインを試飲会のテーマに取り上げることを思いついたそうです。当初は、スパリュアにも偏見（「カリフォルニア・ワインはアルコール度が高く、焦げたようなにおいが強い」）があったそうですが、自分で取材していくうちに、なかなかいいつくり手がいるということを発見していきました。テイバーのルポの前半は、試飲会までにカリフォルニアでいかにワイン産業が発展してきたかを、試飲会に出品されたワインのつくり手の群像劇のかたちで紹介しています。全体の印象として特徴的なのは、出自がバラバラながら、多くの登場人物がなんらかの意味で外来者だということです。現在のカリフォルニア・ワインの基礎をつくったロバート・モンダヴィやアンドレ・チェリスチェフは、それぞれイタリア、ロシアからの移民ですし、パリの試飲会で白のトップをとったシャトー・モンテレーナを醸したのはクロアチアの寒村から流れ流れてカリフォルニアにやってきたミレンコ・ガーギッチ、同シャトーのオーナーのジム・バレットはアメリカ人ですが、弁護士稼業に疲れ果てた末の第二の人生としてワインの世界に入ってきた人物です。他方、赤のトップをとったスタッグス・リープ・ワイン・セラーズのオーナー、ワレン・ウィニアルスキーは、シカゴ生まれのポーランド系アメリカ人ですが、大学の政治学講師からの転身組です。大地に根差し、連綿と続く伝統などというものはそこにはありません。

しかし他方、その裏返しとして、彼らは一様に自分にとっての憧れのワインのイメージを強くもっています。またカリフォルニア大学デイヴィス校の醸造学科をはじめ、産学の連携が強く、[2]また生産者間の横のつながりが密で、新しい技術を試すことに熱心です。今日こういった美徳は決してカリフォルニアだけのものではありませんが、一九七〇年代にあって、この意味でカリフォルニア・ワインの活力が際立っていたとはいってよいでしょう。

さて、試飲会です。折しも一九七六年は、アメリカ独立革命二百周年でした。アメリカはイギリスからの独立に際してフランスからの支援をうけた歴史もあります。スパリュアは、単にカリフォルニア・ワインを試飲するだけではなく、フランス・ワインと飲み比べるというアイデアを思いつきました。

『パリスの審判』（テイバー、2007 年）

カリフォルニア・ワインの勝利？

当時、フランス・ワインとカリフォルニア・ワインの飲み比べなどというのは、まるでお話にならないというのが一般的なワイン関係者の感覚でした。

テイバーの本の訳者の一人の葉山考太郎さんは、別のエッセイで、この感覚を野茂が渡米する前の日本のプロ野球とアメリカのメジャーリーグを比べる感覚に近いと評しておられます。スパリュアは、カリフォルニア・ワインが、かなりイケてるとは思っていたようですが、フランス・ワインと互角に張り合えるかといえば難しい、まして勝つなんてことはないだろうと思っていたようです。実際、彼はフランスで商売していて、主にフランス・ワインを売っているわけで、わざわざフランスのワイン関係者を怒らせるようなことをする動機もありません。

試飲会に呼ばれた審査員は、いずれ劣らぬフランスのワイン界の名士・権威でした。フランスの原産地呼称統制（AOC）システムを統括する委員会の主席審査官、権威あるワイン雑誌の編集者、名門レストランの「タイユバン」のオーナー、同じく名門レストラン、「トゥール・ダルジャン」のシェフ・ソムリエ、ドメーヌ・ド・ラ・ロマネ・コンティ社の共同経営者、ボルドーの有名シャトーのオーナーなどなど、泣く子も黙るメンバーです。

しかも対決用に用意されたフランス・ワインもまたいずれ劣らぬ一流品でした。白は、ラモネ・プルドンのバタール・モンラシェ、ジョセフ・ドルーアンのボーヌ・クロ・デ・ムーシュ、ルローのムルソー・シャルム、ドメーヌ・ルフレーヴのピュリニー・モンラシェ・レ・ピュセルと、今日でもシャルドネのお手本のような四本。赤は、オーブリオン、レオヴィル・ラスカーズ、モンローズ、ムートン・ロートシルトと、これまた今日でもボルドーで人気の高い高級シャトーのワインがそろいました。うーん、飲みたい（失礼）。

これはフランス側から見れば、勝負というより、せいぜい胸を貸してやるといった程度の「対決」だったはずです。ところがです。テイスティングは和やかに始まりましたが、試飲が進むにつれ、審査員のあいだに混乱が広がりました。どれがカリフォルニアで、どれがフランスか、審査員たちの感想が一致しなかったからです。

そして結果は、先に述べたとおり、白ワインも赤ワインもカリフォルニアが一位をとりました。白ワインの上位五位のうちの一位、三位、四位、赤ワインの上位五位のうちの一位と五位はカリフォルニアという結果に終わったのです。

これは事件、というよりほとんどもうスキャンダルでした。実際、この結果を聞いて審査員団は、自分のスコアシートを書きなおそうとしたり、スコアシートを返せと迫ったり、かなり取り乱した振る舞いに及んだそうです。

この試飲会の「勝負」の結果をどう考えるかについては論争があります。フランス・ワインが四本に対して、カリフォルニア・ワインが六本という数の違いがあったり、白はともかく赤ではかなりの僅差であったり、ビンテージ（収穫年）による有利不利をどう考えるかとか、熟成のポテンシャルをどう評価するかとかいったようないろんな論点があります。また試飲会でとられた二〇点満点の採点法の妥当性についても議論はありますし、そもそもブラインド・テイスティング自体があてにならないものだといった、逆ギレでちゃぶ台をひっくりかえすような反論もなくはありません。しかし、ここではその詳細には立ち入らないでおきましょう。ここで確認しておくべきなのは、カリフォルニア・ワインがフランス・ワインと遜色《そんしょく》のない品質のワインに進化したということと、この事件によってそのことが大々的に人々の知るところとなった――アメリカではカリフォルニア・ワインに対する熱狂というかたちで、フランスでは審査員団やスパリュアに対する非難や中傷というかたちで――ということ、それで十分です。

産地の拡散

さて、このパリ試飲会事件は、単にカリフォルニア・ワインのサクセス・ストーリーではありません。広くワインと今日のグローバリゼーションを考えるうえで、もうすこし踏み込んでいうならば、ワインの世界におけるポスト・フォーディズムを考えるうえで、たいへん象徴的な事件だと、私は考えています。それは、この事件に二つのベクトルが集約されているからです。それは、産地の拡散と品種の収斂です。

まず産地の拡散について。パリ試飲会事件のインパクトは、なによりフランス・ワインの権威を相対化したということです。カリフォルニアに続いて、八〇年代に入るとカナダ、オーストラリア、ニュージーランド、チリといった「新世界」ワインが国際市場で認知されるようになってきました。さらに九〇年代に入ると、オレゴンを中心とするアメリカ西海岸北部、南アフリカ、アルゼンチンといった地域のワインの評価も高まってきました。

第一部では、ワインの世界における「新世界」という言葉づかいを、長期的な歴史の観点から批判的に論じましたが、そもそもワインの世界で「新世界」という言葉が使われだしたのは、この時期以降のことです。その意味ではワインの世界における「旧世界」（ヨーロッパ）の地位の相対化を表現する言葉が「新世界」であるということもできるでしょう。ただそれはあくまで相対化であり、やはりあくまでヨーロッパを中心とする枠組みであることは第一部で論じたとおりです。

それはそれとして、このような「新世界」ワインの勃興は、あきらかに世界のワイン地図を拡大することになりました。カリフォルニアに続いて、世界のあちこちが国際市場向けの高級ワインをつくるようになったのは、一つには自信をつけたということがあるでしょう。さきほど引いた葉山さんのたとえを続ければ、野茂のおかげで、大魔神やイチローが続いたように、「やってもいいんだ」とか「できるんだ」とわかることが、無意識のバリヤーを破り、実際にできるようになる条件をつくった面は看過できないと思います。

ただ私が指摘したいもっと平凡な事実は、「新世界」のほうがおしなべて低コストだということです。まず土地が安い。ボルドーやブルゴーニュのような銘醸地は、良い土地が売りに出されること自体が稀《まれ》ですし、売りに出される場合も物件の情報はごく限られたインナーサークルでしか流通しません。たまさか売り物件の情報が手に入っても、すでに評価が定まっているため、良い土地であればあるほど確実に高値です。

これに対して「新世界」では土地が安価です。それに労働力も、たとえばカリフォルニアであればメキシコからの移民労働力が雇用されたり、チリや南アフリカのような国であればそもそも自国の賃金水準自体が低かったりで、安価な場合が多いです。さらにいえば、いわゆる後発性の優位というものがあり、効率がよいとわかっている制度や技術をまっさらなところに適用することができるので、栽培コスト、醸造コスト、その他の経営コストも低く収まりやすいのです。つまり「新世界」ワインの勃興には、これまでワイン先進国でつくることのできなかった高級ワインを、より低価格でつくることのできる新しい産地の登場という側面があるわけです。なにかを思い出しませんか。そうです。ここにはポスト・フォーディズムのリロケーションと同じロジックが働いているのです。

実際、一九八〇年代以降、「旧世界」では、付加価値の低いレンジのワインをつくる産地や生産者から順に、「新世界」ワインとの競争に敗れて淘汰《とうた》される圧力が高まってきました。耐久消費財の文脈なら「産業の空洞化」とよばれる事態です。もっともEUの農業保護政策の一環で、ワイン産業には莫大な補助金が出ており、その分だけリロケーションのロジックの実際の表れは緩和されていますが、現在、EUでは国際競争力のないワイン農家に淘汰を促す方向で改革に舵《かじ》を切りつつあり、そうなれば、かなり急速に事態は進むでしょう。

付言すれば、読者のみなさんのなかには、たとえばカリフォルニアのようなところはすでに土地の値段も高いし、その意味では「新世界」というより、むしろエスタブリッシュされた「旧世界」に近いのではないかと思われる方もおられるでしょう。実際、カリフォルニアでもすでに高付加価値品に特化しなければ、経営が困難な状況が生まれています。そしてその一方で世界のワイン地図は、さらなるリロケーション先を求めてもいます。第一部で触れた「新しい新世界」――ヨーロッパの辺境やアジア――の（再）参入は、その流れで理解できるかもしれません。いずれにせよ、リロケーション先が外延へ外延へと移ることのダイナミズム自体が、先に論じたポスト・フォーディズムの、柔軟性の経済のロジックのなかにあるのです。

品種の収斂

パリ試飲会事件に集約されているもう一つのベクトルは品種の収斂です。パリ試飲会事件では白ワインはシャルドネ種のブドウからつくられたワイン、赤ワインではカベルネ・ソーヴィニヨン種とメルロー種を主体とするブレンドのワイン（ただしカリフォルニア・ワインの一部はカベルネ・ソーヴィニヨン単一品種のワイン）が供されました。この白のシャルドネ、そして赤のカベルネ・ソーヴィニヨン、メルローというブドウ品種は、俗にグローバル・セパージュ（セパージュとはフランス語でブドウ品種の意）とも呼ばれるフランス系高貴種です。

すでにお話ししたとおり、そもそも一九七六年のパリ試飲会は、フランスの土俵で戦われたものです。フランスには多くのワイン産地がありますが、そのなかで飛びぬけて高級品の産地なのは、ボルドーとブルゴーニュです。うちボルドーは赤ワインの超高級品産地です。白ワインにももちろんいいものはありますが、赤ワインほどのプレステージはありません（極甘の貴腐ワインであるソーテルヌは別ですが）。ブルゴーニュは赤・白ともに超高級品をつくります。ただ、ボルドーの赤ワインの原料であるカベルネ・ソーヴィニヨンやメルロー、そしてブルゴーニュの白ワインの原料であるシャルドネが、フランス以外の土地でも比較的育てやすいのに対して、ブルゴーニュの赤ワインの原料であるピノ・ノワール種のブドウは、たいへん「気難しい」品種として知られ、少なくとも一九七〇年代において、ブルゴーニュと比較可能な産地は存在しませんでした。ゆえに白はカリフォルニアのシャルドネ対ブルゴーニュ、赤は新世界のカベルネ・ソーヴィニヨン、メルロー対ボルドーという対戦になったわけです。つまりシャルドネやカベルネ・ソーヴィニヨン、メルローといった品種は、まさにフランス・ワインのもっとも付加価値の高い部分を代表する品種だったのです。そしてそこで負けたからこそ、パリ試飲会事件はスキャンダラスだったわけです。そして事件後、「新世界」では、どんどんシャルドネやカベルネ・ソーヴィニヨン、メルローといった品種が植えられていきました。いわばワイン大国フランスが歴史的につくり上げてきた品種ブランドに乗っかっていったわけです。このほか「新世界」でよく植えられるブドウは、圧倒的にフランス系の高貴品種（前述の三種以外だと、ソーヴィニヨン・ブラン、シラー／シラーズなど）[3]です。イタリア系やスペイン系、ドイツ系の品種は本当にごくわずかしか見られません。また新世界に固有の品種も、国際市場に出ているのは、かろうじてカリフォルニアのジンファンデルと南アフリカのピノタージュが挙げられるくらいで、そのプレゼンスはきわめて限定的です。

しかもこのフランス系高貴品種に収斂する傾向は、「新世界」だけの現象ではないのです。旧世界、それも特にイタリアのような地域でも顕著なのです。イタリアといえば、南北に長い国土を構成する全二〇州のすべてでワインが生産されている国。何百という土着品種があり、それぞれの土地で飲まれてきました。しかし、そのイタリアで土着品種のブドウの樹を引っこ抜き、代わりにカベルネ・ソーヴィニヨンやメルローを植え、低収量に仕上げた濃厚なブドウ果汁を、新樽をふんだんに使って熟成させ、少量ながら（というか少量だからこそ）高価なワインをつくるワイナリーが続々と登場しました。特に中部イタリアのトスカーナ地方に多く、そういったワインは、「スーパー・トスカーナ」とよばれたりもしました。

ここで重要なことは、フランス系高貴品種への収斂そのものというよりも、高付加価値商品へ特化する圧力が結果としてそういう事態を引き起こしているということです。つまり、低コストに導かれて産地の拡散が進む一方で、「旧世界」はもとより

「新世界」でも産地としてエスタブリッシュされてくると、さらなる合理化（たとえばワイナリーの合併による大規模化）でコストを下げるか、さもなくば高付加価値商品に特化するよりほかに道がないのです。実際、フランス系高貴品種を贅沢に仕立て、超高級品の少量生産で採算をとるビジネス・モデルは、ブティック・ワイナリーとよばれ、もともとカリフォルニアで始まったものです。スーパー・トスカーナは、いわばそのビジネス・モデルがイタリアに輸入されたものです。

ポスト・フォーディズム下のワイナリー

しかし、ここで再度ポスト・フォーディズムの話を思い出してください。すでにお気づきのとおり、この高付加価値化は、リロケーションと並んでポスト・フォーディズムの基本的戦略の一つです。ブティック・ワイナリーとして成功している生産者は、本当にわずかな量しかつくっていないところが多いのですが、そのようなワイナリーの多くは、生産量の一定部分を昔からつきあいのある地元の高級レストランやホテルに卸し、残りをワイナリーの立ち上げ当初から買い続けている顧客リスト向けにダイレクト・メールで優先販売するとほぼ完売になります。市場にはほとんど出回らないのです。すると、その稀少性がかえって価値を生み、オークションでとんでもない値段がついたりして、「カルト・ワイン」として世界中の愛好家やコレクターの垂涎《すいぜん》の的となるわけです。

先に述べたとおり、ポスト・フォーディズムの高付加価値商品の少量生産が基本ですが、その前提として重要なのは、柔軟性という原則です。高付加価値品の付加価値の源泉は移ろいやすいのです。ブームが去る前に在庫をなくし、次のブームに乗らなくてはなりません。いえ、もっといえば、自らブームをつくらなければなりません。もちろん、それこそ一部のカルト・ワインは、そのようなブームの自己更新に余念がありません。また大手の高級ワイナリーにとってブランド・マネジメントが必須であることはいうまでもありません。しかし、メディアで取り上げられたりして、一時的にカルト的な人気が出たとしてもそれが長続きするとはかぎりません。あれほどもてはやされたスーパー・トスカーナでさえ、一時にくらべれば、そのプレミアム感は、ずいぶんと落ち着いたものになりました。

他方で、品種の収斂の方向性自体にも変化が出てきているようです。フランス系高貴品種でも、これまで難しいとされてきたピノ・ノワールに挑戦する新世界の生産者が増えてきたり、ドイツでピノ・ノワール（ドイツではシュペートブルグンダーといいますが）生産が盛んになってきたり、あるいはイタリアやスペインで土着品種を再評価する動きが出てきたりといった動きです。ポスト・フォーディズム時代のワイナリーは、こういった動きに柔軟に対応することを迫られるのです。

そろそろまとめましょう。今回は、一九七六年のパリ試飲会事件が、ワインの世界におけるポスト・フォーディズムの到来を告げる象徴的事件であるというお話でした。低コストに促された「新世界」への産地の拡散、高付加価値化に促された品種の収斂が、この事件に集約的に表れているからです。しかしパリ試飲会事件が事件であるのに対して、ポスト・フォーディズムは過程です。柔軟性のロジックは、産地の拡散と品種の収斂という二方向の変化を、一回きりではなく、つぎつぎと展開することを要求します。それがさらにどのような具体的変化をもたらしているのか。次回以降でさらに掘り下げていきましょう。

第七講　ワインとメディア　ロバート・パーカーの功罪

柔軟性を表すPOSシステム

前回は、ワインという鏡に映ったフォーディズムからポスト・フォーディズムへの経済体制の変化についてお話ししてきました。ざっくりいえば、ポイントは二つでした。まずフォーディズムは単に工業が発展する過程ではなく、農業の工業化の過程でもあり、したがってワイン産業も「工業的」になったということ。その結果として、量的にも価格的にも安定した生産ができるようになったのでした。

もう一つのポイントは、そのフォーディズムが一九七〇年代から限界に突き当たって、新しい経済体制へのシフトが起こり始めたということでした。その視点から見ると、ワインの世界で伝説となっている一九七六年のパリ試飲会事件は、ポスト・フォーディズムへの変化の芽が象徴的に表れていました。すなわち、産地の拡大（主として「新世界」へのリロケーション）と品種の収斂（主として「旧世界」での高付加価値化）でした。

さて、フォーディズムを経済の「工業化」だとする考え方の延長でいけば、このポスト・フォーディズムは経済の「情報化」だということができるかもしれません。前回お話ししたように、ポスト・フォーディズムの要は、売れるものを売れるときに売れるだけ供給する柔軟性です。でもこの柔軟性って具体的にはどう実現されるのでしょうか？　その一つの例としてコンビニのＰＯＳシステムを挙げることができます。実際、ポスト・フォーディズムにおけるＰＯＳシステムは、たとえばフォーディズムにおける工場のベルトコンベアのような、一つの象徴的な装置だといってもよいものです。

コンビニで買い物をすると、商品をバーコード・リーダーでピッピッと読み取って会計していきますよね。全部読み取りが終わると最後に集計キーみたいなのを押してお支払い、という流れです。ＰＯＳシステムというのは、このバーコード・リーダーつきのレジが全部オンラインで中央のデータ処理システムにつながっていて、「〇〇県の〇〇店で〇月〇日〇時〇分に、これこれの商品が〇個売れた」というデータが、販売された時点で（ＰＯＳとは、販売時点〈Point of Sales〉の略語です）そのままダイレクトに本部のコンピュータ・システムに入力されるようになっているものです。

ちなみに、店とかレジの種類にもよるようですが、レジ会計の最後に押す集計キーは、実は客層キーにもなっています。だいたい青と赤の二列で四個か五個ずつキーが並んでいて、レジの店員が、客を見て「この人は、二〇代の男性だな」と思えば、青の列の上から二つ目のキーを押すといった具合です。この客層キーがあるので、実際には販売のたびに「どこでいつなにが売れた」という以外に、「どんな客がそれを買ったか」というデータも一緒に本部のシステムに送られるのです。みなさんもコンビニで会計の最後のキーの手元をよく見ると、自分が何歳くらいに見られているかがわかりますよ。くれぐれも実年齢より老けて見られたからといって、店員さんを問いつめたりしないでくださいね。

それはさておき、本部のシステムは、こうして全国のレジからオンラインで集めたデータを分析し、各店に対して、売れそうな商品の棚面積と発注を増やさせ、売れなさそうな商品の棚面積を縮小させたり、販売をやめさせたりするわけです。これによって、「売れるものを売れるときに売れるだけ売る」という状態に、店を近づけることができるというワケです。これは、情報化によって柔軟性がアップするということの一つの典型的なかたちです。

欲望を刺激する記号

フォーディズムにおける工業化が耐久消費財の生産だけでなく、農業にも及んでいたように、ポスト・フォーディズムにおける情報化もまた、サーヴィス業や流通業だけでなく、工業にも及びます。有名なトヨタのカンバン方式は、英語では「ジャスト・イン・タイム」システムといいますが、まさに「必要な部品を必要なときに必要なだけ供給する」柔軟性を（部品を供給する下請け企業はともかくとして、少なくともトヨタ本体は）高めることで生産効率を上げるしくみでした。一九八〇年代以降、この「ジャスト・イン・タイム」の生産体制が各国に普及していったのは、ポスト・フォーディズム化の流れのなかで工業が情報化していった例だといってよいでしょう。

そしてフォーディズムによって工業化した農業もまた、ポスト・フォーディズムの流れのなかで、今度は情報化を遂げていきます。ワイン産業もその例外ではありません。

しかし、農作物はそう簡単に「柔軟」に供給できるものではありません。「売れるときに売れるものを売れるだけ」といわれたって、作物が育つにはどうしてもかかる時間というものがあります。できたらできたで今度は早く売らないと鮮度が落ちていきます。それにスイカよりマンゴーのほうが人気があるからといって、いままで代々スイカをつくっていた農家が簡単にマンゴーづくりをマスターできるというものでもありません。くわえてワインは、一般に高級品になればなるほど、樽熟成および瓶熟成の期間が長くなり、畑から出荷までの時間が長くなります。年単位の将来の需要を見越して「売れるものを売れるだけ」つくるなんて、ほとんど不可能です。

というわけで、需要を所与と考える限り、ワインのような「農作物」を柔軟に供給するのは困難です。しかし、ポスト・フォーディズムが要請する「情報化」は、供給側、生産側だけに及ぶものではありません。それは需要側、消費側にも及びます。というのも、すでにフォーディズムが成熟しきった（したがって量的な豊かさはすでに実現している）先進経済の消費者は、なにか「必要（ニーズ）」を満たすためにモノを買うというよりも、むしろ「欲望（ウォンツ）」を満たすためにおカネを使うようになるからです。

必要と欲望の区別は意外と難しいのですが、ここではモノがもっている物理的側面と記号的側面というふうに考えておきましょう。つまり渇きをいやすとか、酔いたいとかといった動機でワインを飲むのは、ワインの物理的側面を消費して「必要」を満たしているのに対して、「あの有名なドンペリを飲んでみたい」とか、「彼女の誕生日にフレンチのレストランに行くんだけど、彼女がボクを見直してくれるようなワインってありますか」とかいった動機でワインを飲むのは、ワインの記号的側面を消費して「欲望」を満たすものだということです。

すこし哲学的にいえば、必要と欲望、物理的消費と記号的消費を区別する基準は、その商品を買おうとする動機に、「他者の視線の介在」があるかどうかです。難しくいえば「他者の欲望を欲望する」ということですが、ひらたくいえば「人が欲しがるものだから欲しい」、つまり「うらやましがられたい」ということです。つまり、他人の目を意識する消費が記号的消費だというわけです。

フォーディズム時代（あるいはそれ以前）であれば、たとえばフランスやイタリアの庶民にとって、ワインは大半が「必要」で飲むものだったでしょう。しかしポスト・フォーディズム時代に入って、ワインも次第に欲望を介さずには売れにくい商品に変わってきました。実際、世界のワイン消費は、二億八五〇〇万ヘクトリットル近くにのぼった一九八〇年頃を境に低下傾向にあり、現在は、二億三〇〇〇万ヘクトリットル程度です。前世紀末に二億二〇〇〇万ヘクトリットルまで落ち込んだのち、今世紀に入ってやや持ちなおしていますが、これは中国やインド、韓国といったこれまでワインの消費が盛んでなかった国の経済成長に伴うもので、その伸びもすでに鈍化してきています。また二〇世紀前半の最も多い時期には、一人当たり年間一三〇リットル以上のワインを消費していたフランスでさえ、今日では五五リットル程度にまで減少しています。

物理的消費という観点からいうと、かつては「必要」でワインを飲んでいた人々にとっても、今日ではワインの代わりになるもっと安価で便利なもの（ビールや缶入りのカクテルなど）はいくらでも手に入りますし、お酒以外の飲み物の選択肢も、それこそグローバリゼーションによって、おおいに広がりました。社会のお酒離れも進んでいます。こうなると必要というだけではワインは売れません。ただおいしいだけ、ましてただ安いだけでは売れないのです。かくてポスト・フォーディズム時代には、なにか欲望を刺激する記号的価値が、売れるか売れないかをおおきく左右するようになったわけです。

すでに述べたようにワインのような「農作物」を、物理的なモノの次元で「柔軟に」つくるのはほとんど無理といっていいくらい困難なことです。しかし、記号の次元でなら話は別です。記号は、物質性をもたない情報でしかないわけですから、物理的なモノよりもはるかに「柔軟」に操作することができます。極端な話、モノとしてのワイン自体は同じでも、記号さえうまく張りかえれば、売れるということです。実際、昨日までマイナーだったワインが、ちょっとテレビで紹介されたとか、マンガで取り上げられたとかで、今日にはもう全国的に売り切れなんてことはザラです。ポスト・フォーディズム時代においては、ワインにとっても情報がきわめて重要な意味をもつのです。

ワインの「おいしさ」

というわけで、ようやく今回の本題に近づいてきました。ワインとメディアです。これまでワイン、ワインと十把一絡《じっぱ》げにお話ししてきましたが、実際のところ、同じワインといっても、庶民が水代わりに飲むワインと、昔なら王侯貴族、今ならセレブリティやお金持ちが飲む、ほとんど芸術品に近いワインとでは、ずいぶん事情がちがいます。前回の話の流れでいえば、ポスト・フォーディズム時代に入って、「水代わり」的なワインは、もはやこれ以上市場の拡大は望めず（むしろ急速に縮小しているわけですが）、リロケーションによって、より安価かつ合理的な生産に再編されているのに対して、その流れにのみ込まれずに生き残ろうとするならば、高付加価値化――芸術品とまではいわぬまでも、ブランド品になること――を目指さなければなりません。

この芸術品的なワインについては、比較的早くから、ある種のメディア的状況はありました。第一部でお話ししましたが、近世のヨーロッパでは都市にある種のエリート的消費社会が出現しており、社交界が服装や所作、そして食べ物などについての趣味の良さに関する情報の流通の場になっていたからです。美食家とよばれる人種も発生し、そういった人のなかには自らの見解を批評として文章にする者もいました。

ワインの良さなんて、究極的にはうまいかまずいかだけといっていえないことはありませんが、問題は、人間の味覚には自然的なものと獲得的なものとがあるということです。自然的なものについては、批評は必要ありません。赤ちゃんにとって母乳がおいしいとか、しぼりたてのオレンジジュースがおいしいとかいったことは、別にだれかに説明してもらわなければならないようなことではありません。

しかし生まれてはじめてビールやコーヒーを口にして、いきなりおいしいと思う人は少ないでしょう。こういったものに対する味覚は獲得的なもので、なにが「おいしい」ということなのかについて、ある種のガイドのもとに、いわばある程度の訓練を積まなければわかってこないものです。

ワインには、もちろん自然的なおいしさで訴えてくるものもあります。たとえばリースリング種でつくられるドイツのモーゼルの甘口ワインは、はじめてワインを飲む人にも比較的わかりやすいおいしさをもつワインです（第一部でお話ししたように、「甘さ」は普遍的ですからね）。しかし、上等なブルゴーニュの赤ワインもはじめて飲まされたら酸っぱいだけかもしれませんし、上等なボルドーの赤ワインもはじめて飲まされたら渋いだけかもしれません。貴重な古酒も飲みつけない人にとっては弱々しくて臭いだけかもしれません。

獲得的な味覚は、自分にとっておいしくなかったものがおいしく感じられるようになって形成されるものですから、そこにはある種の自己否定といいますか、「自分にとってはおいしいと感じられないが、自分よりも秀でた存在にとってはこれがおいしいというものなのだ」ということを受け入れる契機がかかわってきます。つまりそこにはどうしても一抹の権威主義が入ってきやすいのですね。

ワイン批評

実際、一九七〇年代まで、ワインのメディアは、かなり権威主義的なものでした。それはある程度までは、近世からつづく貴族的伝統の延長線上でもあったでしょうし、またある程度まではいま述べたワインの味覚の獲得性に由来する権威主義によるものであったともいえるでしょう。一つ確実にいえるのは、それがイギリスを中心として発達したということです。イギリスはワインの消費地としては近世以来最も重要な市場でしたが、ワイン生産大国であるフランスがワイン批評ではあまり重きをなしておらず、ワイン生産地としては限定的なプレゼンスしかもたないイギリスがワイン批評の中心になったというのは、創作と批評とが別のクリエイティヴィティに属することの好例かもしれません。

ともあれひと昔前まで、ワイン評論の大物といえばイギリス人が大半でした。「二〇世紀前半におけるワイン評論のカリスマ的指導者」(1)アンドレ・シモン（André Simon, 1877-1970. 厳密にいえば、彼はフランス生まれで、一七歳のときにイギリスに渡りました）、名門オークションハウスであるクリスティーズのワイン担当で古酒の権威でもあるマイケル・ブロードベント（Michael Broadbent, 1927-）、この講義を準備するときにもたびたび参照させてもらっている『ザ・ストーリー・オブ・ワイン』や『ザ・ワールド・アトラス・オブ・ワイン』といったワインの歴史や地理に関する定番文献の著者であるヒュー・ジョンソン（Hugh Johnson, 1939-）、同じく定番文献の一つ、ワイン用のブドウ品種の解説本『ヴァインズ・グレープス・アンド・ワイン』の著者であるジャンシス・ロビンソン（Jancis Robinson, 1950-）といった面々はみなイギリスに拠点を置いてきました。

このイギリスのワイン批評文化は、良くも悪くもエリート主義的というか、雲の上の特権集団という感じで、伝統の上に立つ圧倒的な経験の蓄積と生産者との親密な関係によってご託宣的にワインの評価を下すものでした。その評価も「ルーベンスの絵画のモデルのようにふくよか」（これは一応わからなくもない）とか、「一五歳の少女のよう、すでに偉大な芸術家で、つま先立ちで歩いてくる。子供らしい優雅さを見せ微笑む青い瞳で見つめながら膝《ひざ》を折ってお辞儀をする」(2)（こうなるとチンプンカンプン）とか、批評自体にさらに解説が必要なくらいのものばかりでした。一応、五つ星式とか二〇点式とかの評価もなくはなかったですが、多くの場合、生産者との関係を壊すような点数はつけられず、無難な点数に収斂しがちで、よほど傑出したものでなければ、意味がないようなものでした。

パーカーの登場

この状況に劇的な変化をもたらしたのが、ロバート・パーカー（Robert M. Parker, Jr., 1947-）でした。このパーカーこそは、ワインを一〇〇点満点で評価するワイン批評のスタイルを確立し、その彼の点数評価で、ワインの値段が決まってしまうほどの影響力をもつ、まさにワイン界の帝王ともいうべき地位を築いたワイン評論家です。みなさんのなかにも、ワインショップのポップやダイレクトメールで、「パーカー一〇〇点ワイン！」とか、「PP九六でこの価格！」（PPはパーカー・ポイントの頭文字）とかいった文句が躍っているのを見かけられた方も少なくないのではないでしょうか。

パーカーの伝記的事実については、二〇〇五年に刊行された『ワインの帝王 ロバート・パーカー』（同書は、立花峰夫さんと立花洋太さんのすばらしい訳で二〇〇六年に翻訳が刊行されています）に詳しいです。ここでは彼がワイン評論家になる前の伝記的事実として、二つだけ指摘しておきましょう。

一つは、彼がまったくワインとは無縁の環境に育ったということです。パーカーは一九四七年、アメリカ東海岸メリーランド州の酪農家に生まれました。はじめて飲んだ一応ワインらしいワインは、大学在学中にフランスに留学していた恋人を訪ねた際のパリのレストランで、一本一ドルもして高すぎるコーラの代わりに頼んだグラスワインでした。子供の頃から食卓にワインがあり、大人たちが交わすハイブラウな批評を聞きながら育つといった、いわばワインの文化資本の相続は彼にはまったくなかったということです。

いま一つは彼が弁護士として自らの人生をスタートさせたということです。一九四七年生まれの彼の大学時代はちょうど一九六〇年代後半、公民権運動や学生運動の風がアメリカの大学に吹いていた時代でした。彼が最も影響を受けたのは、欠陥車訴訟で自動車メーカーのビッグフォーを相手に闘っていた消費者運動のヒーロー、ラルフ・ネーダーでした。ネーダーへの憧れから弁護士になったパーカーは、その後ワイン評論家になっていくなかで、消費者本位であるということを自らのワイン批評のプリンシプルとしました。また彼自身がある種の権威となったあとも、消費者本位であることが、彼にとっての錦の御旗となりつづけました。

一九七〇年代の半ばまで、彼は単なるワイン愛好家でした。しかし、すでに彼なりのワイン評価法として一〇〇点満点（どのワインにも「出席点」として五〇点が与えられるので、実質的には五〇点満点なのですが）のシステムをほぼ確立していました。彼が実際に自分のワイン評価を広く世間に向けて発信しはじめたのは、一九七八年です。手製のニュースレター六五〇〇部からでした。彼が最初に組んだ特集は、一九七三年もののボルドーでした。彼は、それを容赦なく酷評したのです。あのボルドー五大シャトーの一つ、格付け一級のシャトー・マルゴーは「とても薄っぺらで酸っぱく、香りも味もボケていて退屈だ」。点数、なんと五五点。格付け二級の人気シャトー、レオヴィル・ポワフェレに至っては、「非人道的なワイン」。点数は実に五〇点（つまり事実上〇点）でし

ロバート・M・パーカー・Jr.
(Johnson, 2004)

た。創刊当初のこのきわめて戦闘的な姿勢は、まさに生産者と癒着した権威主義的ワイン批評・メディアに対する消費者運動そのものだったといってよいでしょう。

しかし、彼にとって本当の転機は、一九八三年にやってきました。その年まだ樽熟成の段階の一九八二年物のボルドー・ワインを試飲した彼は、この年が世紀の大ビンテージとなることを確信しました。そしてそれをすぐに彼のニュースレター「ワイン・アドヴォケイト」の記事にしました。果たして彼の予測評価は大的中し、これによって彼の名声は一気に高まりました。一九八〇年代の後半には彼の影響力は世界的なものとなり、今日なおその力は絶大です。

パーカーリゼーション

彼の成功の理由をめぐってさまざまな要因が挙げられています。彼自身の驚くべき——数をこなすタフさと記憶力が尋常でない——テイスティング能力。生産者との癒着を排する姿勢。一〇〇点満点法が、ワインに詳しくない消費者にとってきわめてわかりやすい購買基準を与えてくれたということ。一九七〇年代以降、伝統的なワイン消費地以外へワイン消費が拡大していくなかで、ワインを飲みはじめた消費者の嗜好と、パーカー自身の好みとのあいだにギャップが小さかったことなどなどです。おそらくそのすべてが、彼の成功の要因なのでしょう。

　総合していうならば、彼のワイン評論、そしてパーカー・ポイントを掲載した「ワイン・アドヴォケイト」というメディアは、それ自体が、ワインに記号的付加価値を与えるシステムになったということだと思います。一〇〇点満点の数値評価は、一方で消費者の記号的欲望を翻訳・表現しつつ、他方でワインのモノとしてのおいしさに記号的次元を付与します。このしくみが、ポスト・フォーディズムに経済が転換し、ワインの世界にもその波が及ぶまさにそのタイミングで現れ、みごとにそこにピタリとはまったわけです。いわばワイン産業のポスト・フォーディズム的なビジネス・モデルの先駆となったことが、パーカーの成功の構造だったといえるでしょう。

　実際、パーカーの成功は、前回お話ししたワインのポスト・フォーディズムの二つの傾向、すなわち、産地の拡散と品種の収斂に拍車をかけました。パーカー以前には、高級ワインの条件は、旧世界の有名産地や歴史ある有名生産者であることに尽きていましたが、パーカーの登場によって、パーカーが褒めさえすれば、産地がどこであれ、売れるようになりました。前回の話では「産地の拡散」は、主として低価格品の話として論じましたが、実際には、すぐあとを追いかけて高級品においても産地の拡散は進んだのです。

またパーカーは、ボルドーのワインに思い入れをもっていました。これまでにも述べてきたようにボルドーは赤ワインの銘醸地で、多くの場合、カベルネ・ソーヴィニヨンとメルローという二つの品種のブレンドでワインをつくります。カベルネ・ソーヴィニヨンはタンニンが豊かでがっしりとした長熟タイプ、メルローは比較的柔らかく果実味が豊かなタイプと、個性の違いはありますが、いずれも濃厚なワインをつくる黒ブドウです。彼のワイン評論では、相対的にこの二つの品種を中心に、濃厚な味わいをつくるブドウ品種のワインの比重が大きくなりました。結果として、パーカーに褒めてもらいやすい品種として、「新世界」のワイナリーはもとより、「旧世界」の革新派のワイナリーもこぞって、カベルネ・ソーヴィニヨンやメルローをつくるようになったのです。

このパーカーに褒めてもらえるようなワインをつくるという傾向は、実際にパーカーの評価が低いとワインが売れず、高いと売れるという事実のフィードバック――「売れるのでパーカーに合わせる→パーカー好みのワインがおいしいという基準が消費者に浸透する→ますますパーカー好みのワインが売れる→売れるのでさらにパーカーに合わせる」というスパイラル――によって、さらに強まりました。実際、昨日まで無名だった小生産者のワインがパーカーの高得点を得て、突然超高級ワインの仲間入りをする——そういうワインを「シンデレラ・ワイン」といったりします——といった現象が、続々と起こりました。

一般に、パーカーは、すこし熟しすぎるくらい熟したブドウを使い、小樽で熟成させて樽の香りをしっかりとつけ、濃い色調で、果実味が豊かで甘みを感じさせる、凝縮感の高いワインが好みだといわれています（私は、それはちょっとカリカチュアが過ぎるような気もするのですが、ある程度までは真実でしょう）。そして多くのワイナリーが、このパーカー好みのスタイルに自分たちのワインをつくりかえていきました。これをパーカーリゼーションと呼ぶ人もいます。

さらには、そういうパーカー好みの味わいにワインを仕上げるためのさまざまな技術指導を専門にするワイン・コンサルタントも現れました。代表格は、ボルドー出身のワイン・コンサルタント、ミシェル・ロランでしょう。彼は、ヨーロッパ各国はもとより、アメリカやオーストラリア、中国やインドでもコンサルティングをしていて、文字どおり世界をまたにかけて活躍しており、実際に彼がコンサルティングしたワインはしばしば高いパーカー・ポイントを獲得しています。おかげで、ワイン愛好家のなかには、彼がコンサルティングをしたワインは、どれも同じ味がするといって毛嫌いする人もいたりします。

ただ、彼のコンサルティングがただ高いパーカー・ポイントを狙うだけのものだというのは、いくらなんでもいいすぎでしょう。パーカーリゼーションを批判する言説は、広くいえば、グローバリゼーションを文化的な画一化、さらには文化的な帝国主義だととらえる政治的言説から派生するものです。ある程度までそういう現実はあるといってもいいでしょうが、ワインに限らず、グローバリゼーションにともなう文化的変容を、おしなべて画一化としてのみとらえることには賛成できません。このことについてはまたあとで立ち返ってお話ししましょう。

パーカーの功罪

いずれにせよ、パーカー（の成功）が象徴しているのは、ワインの世界におけるポスト・フォーディズム、特にその情報化・記号化としての側面です。農作物としてのワインはモノの次元では柔軟な生産の難しいものです。ＰＯＳシステムを擁するコンビニやカンバン方式を実施している自動車工場と同じようには、なにがいつどこで売れるのかという情報を供給にフィードバックすることはできません。パーカーがつくりあげた一〇〇点満点の評価法は、一方でパーカーの評価自体が消費者——特にこれからワインに親しもうとする消費者——にとって「良いワイン」を定義し、他方で同じパーカーの評価が「売れるワイン」のデータを生産者に発信することで、有効な記号的価値をシステマティックに付与するしくみとなったのです。

このようにメディアが媒介となって、消費者の欲望を誘導しつつ、生産者に需要の所在をシグナルするという構図自体は、およそ「ファッション」がある分野――アパレル産業はもちろんですが、外食産業や観光産業も――では、どこでも観察できることです。ただこのメディアの権力が、パーカーという固有名詞にこれほど強く投影されているという点では、ワインの世界はすこし特殊といえるかもしれません。

パーカーを評価する人はかならず、彼がワイン・メディアを民主化した功績について語ります。生産者と癒着した特権的なインナーサークルのご託宣から、消費者本位のわかりやすい指標の提示へ、ということです。私は、それを否定するものではありませんが、その民主化は、生産者主導（価格さえ下げればモノは売れる）だったフォーディズムから、消費者主導（売れるものしか売れない）のポスト・フォーディズムへの転換のなかでは、必然的変化だったともいえます。

他方、ワインのポスト・フォーディズム化のなかで、パーカーが本人の意図とは関係なく、新しい権威（ないしは権威の象徴）になってしまったことも、否定しがたいことです。いわば民主化されたメディア自体が権力に転化してしまったわけです。最初は、良いものには良い点数を、悪いものには悪い点数をつけて、あらゆる権力に屈せず公表しようというスピリットで始められたものが、制度として定着すると、「良い点数がついているものだから良いものなんだろう」という逆向きの推定を誘導する装置に変わってしまうのです。

では、どうすればよいのか。それについて考えていく前に、パーカーリゼーションと表裏をなすもう一つの現象について話ししなければなりません。それが次回のテーマ、テロワールという概念の氾濫《はんらん》です。

第八講　テロワールの構築主義

『モンドヴィーノ』

前回はポスト・フォーディズムにともなう情報化がワインの世界に及ぼすインパクトについて、パーカーの功罪を中心に取り上げてお話ししてきました。パーカーは、ワイン批評・メディアを「民主化」し、「良いワイン」と「悪いワイン」の判断を、生産者と癒着した特権的なインナーサークルの手から（特にこれからワインに親しもうとする）消費者側におおきく引き寄せました。それは、ある程度までは、ワインの価値判断の透明化を果たすものであったといってもよいでしょう。

もともと、庶民の水代わりから王侯貴族の食卓の贅《ぜい》に至る上下に長いワインのヒエラルキーのなかで、その上層部に近いところでは、ワインは芸術品に近いものであり、その分だけ記号的消費の側面の強いモノでもありました。パーカーによる「民主化」は、ワインの記号的消費をより庶民的なワインにまで押し広げるものでもあったともいえるでしょう。

しかし他方でパーカーの成功は、ワインの世界におけるメディアの権力を強めました。消費者はパーカーの流す情報に踊らされ、生産者はパーカーのもつ「売れるワイン」を指名する権力にひれ伏します。こういった事態はポスト・フォーディズム的な社会では、ワインに限らず、多かれ少なかれ起こっていることですが、ワインの世界では、あたかもそれがパーカーという個人（およびミシェル・ロランのようにパーカーと密接に結びついている少数の個人たち）にその権力が投影されたせいで、あたかもその権力が新しい独裁体制であるかのような批判さえ招くようになりました。

すでにすこしふれましたが、二〇〇四年のカンヌ映画祭のドキュメンタリー部門に出品された『モンドヴィーノ』という映画は、あきらかに、そのようなパーカーリゼーション批判を意図した作品です。この映画のいわば「主演男優」は、前回にもふれたミシェル・ロランです。葉巻をふかしながら運転手つきのベンツに乗って、コンサルティング契約を結んでいるワイナリーを回り、行く先々で「黙ってオレの言うことを聞け」といわんばかりに同じ指示（濃くて長熟型のワインを若いうちから柔らかく飲みやすく加工する微酸化処理という技法）を申し渡すさまを、カメラは繰り返しとらえます。また彼とパーカーとの親

『モンドヴィーノ』（ＤＶＤ発売：クロックワークス、販売：東北新社）

密な関係が映し出され、「パーカー好みのワインをコンサルティングする↓パーカーが高得点をつける↓売れる↓ロランにコンサルティング契約が殺到する」という共謀されたスパイラルをほのめかしています。監督のジョナサン・ノシターは、かなり底意地の悪い演出で、ロランをほとんど時代劇の悪代官のような雰囲気でスクリーンに映し出すことに成功しており、実際カンヌでは、映画の後半に入ると、ロランのアップが映るだけで、客席から失笑が漏れるほどだったといいます。

そこまでしてロランを、ひいてはワインの世界におけるメディアの権力とパーカーリゼーションを、そしてその結果としての（パーカー好みのワインへの）ワインの画一化なるものを批判するこの映画が、逆に理想を語る際に標榜するのが、「テロワール」という概念です。

対抗としてのテロワール

このテロワールなる概念、すでに第一部でもすこしふれましたが、なかなか日本語にしにくい概念です（実際日本のワイン業界でも「テロワール」というカタカナ語のまま流通しています）。テロワール（terroir）という語は、大地という意味の「テール〈terre〉」から派生したフランス語です。ごく簡単にいえば「土地に根ざす味わい」、もうすこし強くいえば「ワインに表現された土地の個性」ということになります。そしてパーカーリゼーション批判の文脈では、ワインのローカルな個性の擁護の標語となるわけです。

いまや新しい独裁者と化したかつてのワイン民主化の闘士。その独裁者（とそのまわりの新しいインナーサークル）のもとに押し進められるグローバルなワインの画一化。立ち上がれ、ワインを愛する者たちよ。ワインの多様な個性を守り、パーカーリゼーションに抵抗するのだ。我らの旗印は、そう、テロワール！――といったところでしょうか。問題は現実がこれほどドラマティックな単純さで割り切れるかどうかです。

実際のところ、テロワールという言葉がこんなにやかましくいわれるようになったのは、ごく最近のことです。というのも、二つの条件がそろわなければ、テロワールにあえて言及する必要がないからです。その二つの条件の第一は、生産地と消費地とのあいだに、物理的にも文化的にも距離があるということです。ワインをつくる人の集団と飲む人の集団とのあいだに一体感があれば、そこでつくられ、飲まれているワインが、どの土地に根ざしているかということをあえて言挙げする必要はありません。それが彼らにとってのザ・ワインであるからです。

第二の条件は、個々の消費地に、物理的・文化的に隔たった複数の生産地からの供給があるということです。多様のワインのなかからの選択の契機がなければ、やはりテロワールに言及する必然性がありません。

つまり、すでにおそらくみなさんもお察しのとおり、テロワールという概念が、さかんに述べたてられるようになった背景には、流通規模の拡大という、いわゆるグローバリゼーションのうえに、（低価格化による）大量生産から（高付加価値化を目指す）多品種生産へというポスト・フォーディズム化の流れが重なりあう構造があるのです。

つまりワインに土地ごとの多様な個性があるということは、かつてならば、わざわざ指摘するきっかけそのものがほとんどないような端的な事実であったのに対して、グローバリゼーションが進み、ポスト・フォーディズム化が進むことで、その多様性に価値を見出すような認識が生じてきたわけです。

イデオロギーとしてのテロワール

映画『モンドヴィーノ』のなかで監督のノシターは、彼がパーカーリゼーションの対極にあると考えるもののイメージをいくつかの例を通して描こうとしています。たとえば、「かつてはイギリス人がたがいの家を訪問するときにお茶を振る舞いあうように、このあたりではワインを振る舞いあったものだ」と語るシチリアの地ワイン生産者。ミシェル・ロランのワインを「テロワールの死だ」と口をきわめて批判する南仏の「自然派ワイン」の生産者。そしてきわめつきは、グローバル市場どころか、そもそも市場からもほとんど隔絶したところでつくられているアルゼンチンの奥地の地ワイン。

映画のなかでは、これらのいずれもが、大切に保存されるべき「古き良きワイン」に見えます。しかし、ノシターがアルゼンチンで「発見」したワインのモノ自体としての質は怪しいものです。実際、映画のなかで、そのワインを一口含んだノシターの反応を映したショットは、思いがけぬおいしさに感銘を受けたのか、それともあまりの珍品ぶりに驚いたのか判然としないまま、セリフもなく終わっています。

また同じくノシターがシチリアで愛《め》でた地ワインのおいしさは、良くも悪くも、その土地の風土のなかで飲まれてはじめてわかるたぐいのものでしょう（みなさんのなかにも旅先で飲んだ地酒がおいしくて買って帰ったのはいいけれども、自宅で飲んでもまるで旅先での感動がよみがえらないという経験がおありの方も多いでしょう）。おそらく国際市場に出れば、そのオーラは失われてしまうでしょう。

私は、旅先など、なにか思いがけぬ機会に思いがけぬ味わいのワインに（多くはそのワインを飲んだシチュエーションの全体として）出会う喜びを否定するものではありません。ですが、およそワインというものがそういうものでなくてはならないと主張するのは、いささか行きすぎたロマンティシズムといわざるをえません。それに、そもそもそういう思いがけない出会いを可能にしているのは、まず一つにはグローバリゼーションによって人の移動が容易になったからであり、そしていま一つにはやはりグローバリゼーションによってふだん飲んでいるワインが安定した品質で（そこに驚きはないかもしれませんが、期待が裏切られない安心感はあります）供給されているという基盤があってこそなのです。いわばパーカーリゼーションの恩恵を享受していればこそ、はじめて意味をもつ喜びでもあるのです。その意味では、ノシターのロマンティシズムは、パーカーリゼーションのオルタナティヴというよりは、その双子の片割れといったほうがよいでしょう。

さらにいえば、テロワールということば自体は、今日のワイン世界では、必ずしも反パーカーリゼーション論者の専売特許というわけでもありません。というよりむしろほとんどだれもが二言目には「テロワールの表現されたワインが良いワインだ」というのです。ミシェル・ロランでさえ、「テロワールだなどと眠たいことを抜かすな」などとは絶対にいいません。むしろ自分の目指すワインはテロワールの表現されたワインだと公言してはばからないのです（反パーカーリゼーション論者たちにとっては、それがさらにいらだたしいのでしょうが)。

あとで述べるように私はテロワールという言葉がまったく空疎なお題目だとは考えていません。しかし、他方で、言葉がインフレ的に用いられることで生じる実質との乖離《かいり》についてはやはり指摘しておかなければなりません。その乖離は、対照的な二つの方向で起こっています。

第一の方向は、テロワールを、伝統や風土と結びついた一つの全体としての産地から切り離し、個々のワインのあいだの差異に微分化していく方向です。

パーカーの影響力を特に述べたてずとも、すでに述べたとおり、ポスト・フォーディズム化のなかで高付加価値を追求すれば、たとえば品種の選択などにおいては、かなり収斂する傾向があり、画一化とまではいわなくても、かつてあったローカルな多様性のある部分が失われていることはたしかです。しかし、たとえ仮にカリフォルニアのジンファンデルがすべて引っこ抜かれ、トスカーナのサンジョベーゼがすべて引っこ抜かれて、あげくに世界中で栽培されているブドウがすべてカベルネ・ソーヴィニヨンに植えかえられてしまったとしても、ボルドー風のカベルネ・ソーヴィニヨンとカリフォルニア風のカベルネ・ソーヴィニヨンは味わいが違うはずだと強弁すれば、そこにテロワールを主張することはできます。それが同じ品種からつくられた基本的には同じ濃厚で長熟なタイプのワインであったとしてもです。この論法をつきつめれば、ほかのありとあらゆる物理的性質が同じであっても、「産地」さえ異なれば、異なるワインだといいはることができます。

このように、ひとたび産地名と結びついた固有の伝統から切り離されれば、あらゆるワインがどこかしらの具体的な場所で生産されている限り、どんなワインにもテロワールがあることになってしまいます。逆にいっさいのテロワール性のないワインをつくろうとすれば、世界中から集めたブドウをランダムにブレンドし、ロンドンかニューヨークあたりの高層ビルの一室で醸造するといったような極端なことを考えなければならないでしょう（それでも「アーバン・テロワール」だとかなんとかいいだしかねませんが）。

どんなに味の方向性が収斂していても、世界中のワインがまったく同一になってしまうということが、現実的にちょっと考えられない以上、「テロワール」というレトリックは無効にはなりません。ゆえにこそ、ミシェル・ロランでさえ、自らをテロワール信奉者として語ることができるのです。

もっとも私はロランがまったくのレトリックで（口先だけで）「テロワール」といっているわけではないのだろうとも思います。テロワールが、つきつめれば単に「どのワインにも産地がある」という以上の意味がないのだとすれば、「テロワールのあるワイン」は究極的には「おいしいワイン」と同義です。つまり与えられた条件で、どれだけおいしいワインに仕上げるかが「テロワールを表現する」ことと同じになるわけです。ロランのコンサルティングが、おいしいワインを目指している限りにおいて、彼は自らが、テロワールを表現しようとしていることを信じているのだと思います。

反パーカーとしてのテロワール

他方で「テロワール」という概念に過剰な意味づけが付与される傾向もあります。「パーカー好み」から意図的に逸脱することをテロワールと呼ぶ傾向です。

さきほどふれた『モンドヴィーノ』のなかでノシターが反パーカーの代表の一つに挙げた南仏の「自然派」生産者は、ドメーヌ・ド・マ・ガサックのエメ・ギベールのことです。ギベールのワインには、フランスのみならず世界中にファンが多く、しばしばメディアにも取り上げられている有名生産者です。もちろん日本の市場でも人気銘柄です。

ギベールは、化学肥料や農薬の使用を排し、醸造の過程を安定させるために用いられる二酸化硫黄のような添加物の使用も極力抑えるなどして、「伝統的」なワインづくりへの回帰を全面に打ち出したワインづくりをしています。

ド・マ・ガサックの味わいは、たしかにパーカー的とされるパワフルで濃いワインとは一線を画しています。果実味のストレートなおいしさよりも、むしろ発酵の醸す複雑さに勝る……ような気がします。その香りは、しばしば「野趣がある（rustic）」とも表現されますが、ひらたくいえば少々クセのある風味です。私はけっこう匂いの強いチーズなども好きなので、ド・マ・ガサックの香りも「オツですな」という感じでおいしく飲めてしまうのですが、以前、私の学生たちを実験台にしてみたところ、多くの学生が、実に率直にこのワインを「臭い」（中には「田舎の香水」の香りだという者も！）と表現しました。

重要なことは、この「臭さ」が、事故や偶然ではなく、どうやら意図されたものであるらしいことです。たとえば二酸化硫黄の添加の目的の一つは、アルコール発酵の過程で、雑菌が繁殖するのを抑えることにあります。逆にいえば、添加をやめれば、雑菌が繁殖し、端的にいえば不衛生なワインになるリスクが高まるということでもあります。そしてギベールは、二酸化硫黄なしで、二酸化硫黄を添加したのと同じくらい衛生的なワインをつくろうとしているのではなく、むしろあえてある程度不衛生にすることで、「伝統的」な風味を演出しようとしているようなのです。

実際、たとえば木製で蓋のない開放槽での醸造が主流だった頃には、ブレタノマイセスという雑菌の繁殖がよく問題になりました。この雑菌は醸造槽の洗浄などが不十分だとすぐに繁殖して、ワインに家畜小屋のような臭いを帯びさせてしまいます。ただ微量のブレタノマイセスは、ワインにある種の深みを与えるともいわれており、そうと信じてそれを好む醸造家や愛好家は少なくありません。ド・マ・ガサックのワインからは、私のような素人レベルのテイスターでもそうにちがいないと思わせるブレタノマイセスっぽい臭気があるのですが、これがもし意図したものでないのであれば、ギベールは単に欠陥品をつくっていることになってしまいます。

そしていわばこの意図された「欠陥品」が、映画では「テロワールのあるワイン」だと肯定的に紹介されているばかりか、ギベール本人も、すすんで反パーカーリゼーションの旗手を自らもって任じているのです(1)。つまりここに観察されるのは、「テロワール」が、いわば管理された不衛生さによって意図的に演出された「パーカー的なワイン」からの逸脱に張られたラベルと化しているという現実です。

皮肉なことに、ミシェル・ロランが、ボルドーのリブルヌに生まれ、ボルドー大学の醸造学科を卒業後、小規模生産者の多いボルドー右岸でキャリアを積み、個々のワイナリーの規模では難しいさまざまな技術の導入をサポートすることで地歩を固めていったのに対して、エメ・ギベールはもともとワインづくりとは縁のない革職人の出身で、いわば異業種から単身で参入してきたワインメーカーです。

ただテロワールということばの氾濫の二つの方向の見かけの対照性の背後には重要な共通点があります。それは、いずれの方向においても、テロワールは（実質から乖離した）記号としての価値に還元されており、そしてその記号としてのテロワールの実質の部分を埋めているのは、むしろ生産者の個性だということです。すなわち、今日のワインの世界は、「テロワール」のレトリックのもとに、実質的にはロランやギベールといったつくり手の個性を消費する、いささかシニカルともとれる状況が展開しているのです。

ブルゴーニュ・ワインの歴史性

では、今日のワインの世界で「テロワール」について語ることは、もはやイデオロギーでしかありえないのでしょうか。私はそれほど悲観的ではありません。最後にもう一つだけ論じておきましょう。

『モンドヴィーノ』では、テロワール＝反グローバリズム派の代表として、実はもう一つ重要な人物との対話にずいぶんと長い時間が費やされています。それはブルゴーニュの老舗《しにせ》ワイン農家、ドメーヌ・ド・モンテーユの前当主、引退したユベール・モンテーユ翁です。彼は、モンテーユ家の所有する畑を案内しながら、「このあたりでは、中世、いやもっと以前からワインがつくられてきた」と強調します。そして、ドメーヌ・ド・モンテーユの看板ワインであるヴォルネイ・タイユピエ――「ヴォルネイ」は村の名前、「タイユピエ」はさらにそのなかの畑の名前です――の畑の前で、ノシター監督に「タイユピエという畑の名と、モンテーユというつくり手の名ではどちらが重要ですか」と問いかけられて、言下に「そりゃ畑の名前のほうがはるかに重要だ」と答えます。テロワール主義の模範解答をノシター監督は引き出したわけです。

私はモンテーユ翁の信念を疑うものではありません。しかし、少しカメラを引いて、時間と空間の枠組みを広げて考えると、彼のこの回答にはちがうニュアンスが出てきます。空間をタイユピエの畑やヴォルネイ村からぐっと広げてブルゴーニュ地方全体に、そして時間はさらにぐっと広げてローマ帝国時代の末期にまでさかのぼってみましょう。

ブルゴーニュはフランス東部の南北に細長い地域です。一般にこのブルゴーニュ地方、おおまかに四つの地区に分けてとらえられています。北から順番に、コート・ド・ニュイ、コート・ド・ボーヌ、コート・シャロネーズ、マコネーです。この四つの地区は決して同格ではなく、これまた一般に北の二つの地区（あわせてコート・ドール〈黄金丘陵〉といいますが）は、高級ワイン、というか今日なお赤はピノ・ノワール種のワイン、白はシャルドネ種のワインをつくる世界中のつくり手の多く（そしてもちろん飲み手の多く）にとって憧れの産地です。ロマネ・コンティやル・モンラッシェは、いずれもこのコート・ドールのワインです。タイユピエももちろんこのコート・ドールに属します。

それに対して、南の二地区、コート・シャロネーズとマコネーは、いくつかの銘醸地を擁してはいるものの、コート・ドールのような威信はありません。お手軽な価格で、ブルゴーニュらしさのあるワインが飲めるバリューな産地というのがおおかたのイメージでしょう。

同じブルゴーニュでこの差はなんなのでしょう。最初にはっきりさせておかなければならないのは、コート・ドールとシャロネーズやマコネーとのあいだの差は単なる記号（産地ブランドのロゴ）の差ではなく、実際の品質の差であるということです。もちろんコート・ドールにもへボ生産者の駄作ワインはありますし、シャロネーズやマコネーにも、感動的においしいワインは少なからずあります。しかし産地全体としてみた場合の実力の差は認めざるをえません。

次に指摘しておかなくてはならないのは、それにもかかわらず、ブルゴーニュの南北で地質学的な条件という点では（したがってつまりテロワールのもっとも物理的次元では）たいした違いがないということです。しかしではなぜコート・ドールのワインには、シャロネーズやマコネーには決して与えられないほどの大きな威信が与えられてきたのでしょうか。

この謎に一つの解答を与えた歴史地理学者がいます。ロジェ・ディオンといいます。ディオンの議論は、すこし入り組んだ考証的考察を含んでいますが、その着眼と結論は明快です。彼の最初の着眼は、今日のコート・ドールにほぼ重なる範囲（正確には現在のジュヴレ・シャンベルタン村付近からサントネー村のあたりまでの特に銘醸地が集中している地域）が、帝政ローマの末期にオタンの司教区に属しており、シャロネーズとマコネーはシャロンの司教区に属していたという事実です。いずれも当時からすでにある程度定評のあるワイン産地ではありましたが、行政区画が異なっていたのです。つづいて彼が指摘するのは、二つの司教区がたがいに対抗関係にあったということです。帝政ローマの支配下において、二つの司教区はたがいに帝国からの課税の負担を相手におしつけようと画策する一方で（いずれも、自分よりも相手のほうが豊かだということを帝国の徴税官に印象づけようと虎視《こし》眈々《たんたん》でした）、自らの管轄地域のもっている経済的条件を最大限に生かす努力をしていました。

そのうえでディオンが挙げる決定的な要因は、シャロンの司教区がソーヌ川の河港を擁する流通上の優位をもつのに対して、内陸部に本拠をおくオタンは、収穫物を市場に出す際には陸路を利用するしかなかったという事実です。当然ですが、陸路の輸送は、水路の輸送よりもコストが高くつきます。あまつさえシャロンは自らの管理する輸送網をオタンには利用させないよう妨害していたので、オタンは迂回《うかい》を強いられていたのです。

そして輸送コストの不利を克服する方法としてオタンがとったのは、自らの管轄下――すなわち現在のコート・ドール――で産出されるワインの質を向上させ、単位量あたりの収益を高めることでした。そのためにオタン司教区の貴族たちは彼らが所有する(のちにコート・ドールとなる)土地に莫大な投資を行ったのです。

テロワールを構築主義的にとらえる

ディオンの議論は、テロワールが単なる所与の自然条件ではないということ、むしろ人間がつくりあげるものだということを雄弁に語っています。ここに引いたディオンの議論のもとになった論文は一九五〇年代、つまり「新世界」ワインの登場以前に書かれたものです。ディオンは「新しい土地に上質のブドウ畑がつくり出されるということは、現代の私たちにとってあまりなじみのないことになってしまった」と述べています。ゆえによいワインを生む畑は、最初からそういうものとして神から与えられたかのように観念されがちです。実際、銘醸地を擁する老舗ワイナリーの立場にたてば、そのような神話化はマーケティング上、プラスになりますから、あえてそれを否定するような言説は出てきにくいものです。また消費者がそういう神話的ロマンに酔うのも別にあえて責めるべきことでもないでしょう。

しかしリアルにクールに考えたとき、どのような銘醸地も、そこに人間の惜しみない努力と資本の投下なしに、最初から銘醸地として与えられているわけではありません。それは歴史的につくられたものです。しかも、そのときに注がれる人間の努力の方向や資本の投下のされ方は往々にして、単によいワインをつくるという透明で純粋な動機に支えられているというよりは、むしろ人間がつくるもっと不透明な社会的条件や政治的枠組みに埋め込まれているものです。

自然的条件としてはむしろ連続しているはずのブルゴーニュの北半と南半が、人為的な行政上の区割りで分割され、市場へのアクセスの難易（流通網の構築も半ばは地理的な条件に依存しますが、半ばはもちろん人間の構築物です）によって、ワイン産地として異なる道を歩むようになったのは、まさにその表れといってよいでしょう。

ディオンが、この論文を書いていた頃には想像もつかなかったことでしょうが、今日、「新しい土地に上質のブドウ畑がつくりだされる」ことは、もはや珍しいことではなくなりました。「新世界」はもちろんですが、近年では、コート・ドールの有名生産者がコート・シャロネーズやマコネーでワインをつくるケースも増えてきました。そこでは、テロワールは、神によって与えられたものではなく、人によってつくられるものです。ディオンの主張は、テロワールを超歴史的に神話化したり、テロワールをなんらかの不変の自然的条件に還元したりする発想に対する批判、今日の社会科学の言葉でいえば構築主義的な批判を先取りするものでした。

ただ、重要なことは、テロワールを構築主義的にとらえるということは、南極でもヒマラヤでもどこででも好きな所に好きなデザインのワインをつくることができるという意味ではないということです。そのようにテロワールを無限に柔軟なものだととらえるのは、テロワールを不変の所与だと考えるのと同じくらい硬直した発想です。

つきつめれば、テロワールの構築は、人間とそれをとりまく環境のあいだの対話の過程にほかなりません。そこでは、一方が他方を決定しつくすことはできませんし、ここで終わりという定められた終着点もないのです。実際、かつては銘醸地とうたわれながら没落した産地はいくらでもありますし、逆に今日銘醸地とされる産地の歴史的起源には古いものもあれば新しいものもあります。そのなかのどれ一つとして永遠の名声をあらかじめ保証されたものなどありません。しかも同じ一つの銘醸地からつくられるワインが時代を超えて同じスタイルのワインだというわけでもないのです。この意味で、テロワールは、いわば人間がつくる社会のシステムと自然がつくる環境のシステムのあいだで、常にゆらぎながら絶えずつくりだされ、つくりなおされているわけです。

ディオンは、一八九六年生まれで一九八一年に亡くなりました。フランスの独特な生態史観で二〇世紀の歴史学に偉大な足跡を遺したアナール派史学の大家フェルナン・ブローデルとまったく同世代です。彼は、歴史学のフロンティアを環境と人間の関係にひらいたアナール派史学の運動に地理学者として関係していました。テロワールをめぐるワインの世界の言葉の混乱を見るにつけ、ディオンの半世紀前の洞察に立ち返るときなのではないかと私は思います。

第九講　「テロワール」をひらく

ワインの記号化

前回は「テロワール」という言葉をめぐる混乱について議論をしてきました。ポスト・フォーディズム経済において、ワイン産業も、拡大した産地間の激しい競争が起こりました。ワインの世界では、そのなかで高い付加価値を実現しようとすればするほど、それが一方では品種の収斂を引き起こし、他方でワインの付加価値の源泉となる差異がますます記号的につくりだされるようになりました。

この品種の収斂とワインの記号化は、実際には表裏一体の現象です。多様な産地がそれぞれ多様な品種でワインをつくり、相対的に固定的な消費者がそれを飲む状況では、ワインの個性はモノ自体に根ざしたものですが、グローバリゼーションが進み、世界中の産地が、世界中の消費者をたがいに奪い合うように競争する状況では、品種の選択は「売れる」ものに収斂する（したがってモノの次元での多様性はある枠のなかに囲い込まれやすくなる）一方、そのなかで他の商品から差別化を図らなければならないために、スター性のあるつくり手の名前を前面に押し出してみたり、由緒のある産地の名前を前面に押し出してみたり、メディアを利用してイメージの浸透を図ったりする必要が出てきます。つまり記号化するわけです。

この意味では、たとえば「パーカー・ポイント九五点のワインがこの価格で！」という売り方も、「これぞシャブリのテロワール」という売り方も、記号的差異化を追求しているという点では同じだといってよいでしょう。表面的な意味内容はたがいに逆の方向を向いているようにも見えますが、実際のところ、消費者は、飲んだワインから得られる満足を、前者の場合は「九五点」という数字に、後者の場合は「シャブリ」というイメージの良い人気産地の名前に、それぞれ投影して納得しているにすぎません。ワインそのものからは実質的に何の満足を得ていなくても、「九五点」のワインを飲んだのだから、「シャブリ」を飲んだのだから、と納得してしまうことさえ少なくありません。

さらにいえば、一般にシャブリは、その「ミネラル感」に味わいの特徴があるとされ、それはシャブリの土壌が古くは海底で、現在も土壌中に多量の貝殻などの石灰分が含まれており（キンメリジャンといいます）、そのテロワールがシャブリの「ミネラル感」となって表現されるのだという通説があります。しかし、土壌の成分とワインの成分とのあいだの相関については不明なことが多い一方、最近ではシャブリの「ミネラル感」の少なくとも一定部分は、この地域で伝統的に多く用いられている二酸化硫黄が原因なのではないかという説も出されています。そうなってくるとそもそもシャブリのテロワールの実体自体が怪しいという話になってしまいます。

話を元に戻しましょう。「テロワール」という言葉をめぐる混乱は、つきつめると、一方ではこの語があたかもあらゆるワインの記号化に抵抗する理念――個々のワインが土地に根ざしてもっている個性の擁護――であるかのように用いられているにもかかわらず、他方では（パーカー・ポイントや有名コンサルタントのネームバリューと同じように）まさに記号として、つまりしばしば空虚な産地ブランドとして用いられているという二重性に起因しているのだといえるでしょう。

文化の二重性

私は、「テロワール」という言葉のこのような二重性は、もっと広い文脈でいえば、「文化」という言葉の二重性と同じ構造をもっているのではないかと思います。

私たちは、たとえば文化財とか文化遺産といった言葉で、たとえば名画とか偉大な建築に「文化」のラベルを張ります。しかし他方で私たちは、カラオケだとかコンビニだとかにも、自分たちの「文化」を認めています。前者の「文化」には、だれからも認められる立派なものというニュアンスがあり、後者の文化には、外からの評価とは本質的に無関係な自分たちのあるがままの生き方というニュアンスがあります。いわば他者からの承認としての文化と、自己肯定としての文化です。

二つの文化は必然的に矛盾するわけではないでしょう。当事者にとっては実用品として用いられている調度のなかに他者に訴えかける美が発見されることもあるでしょうし、当事者にとっては生計を維持するために行っている森や畑の手入れが他者からの畏敬のまなざしを受けることもあるでしょう。また半ば使い捨ての消費財も、何世代かにわたって広く親しまれれば、博物館に収められることもあるでしょう。

とはいえ、能や歌舞伎とカラオケボックスとを同列に「文化」とくくったり、世界遺産の名刹とコンビニとを同列に「文化」とくくったりすることには、やはりかなりの緊張がともないます。あるがままの自己を肯定することと、他者からの承認を獲得することとのあいだには、矛盾や苦悩がついてまわるものです。

ひるがえってテロワールです。たとえば「このワインには「シャブリ」のテロワールがよく表現されているねえ」といった評価は、「シャブリ」というラベルと結びつけられた特定のタイプのおいしさが前提として共有されていなければ意味をもちえません。つまり「シャブリ」という記号が産地ブランドとして十分に確立されていなければならないのです。これがテロワールという語の第一の用法です。このようなかたちで言及されているテロワールは、たとえば印象派といえばモネの「睡蓮」、ゴシック建築といえばシャルトル大聖堂といった評価の定まった作品を「文化」とする発想と同じ根をもっています。それは究極的には、自分の判断ではなく、広く他者によって承認され、またそのことによって自分よりもすぐれた存在からの承認が推定されることをもって、価値を認める態度です。

もちろんそこで言及されている「シャブリのテロワール」は、ある程度までは実際にシャブリの風土がもつ特性に起因するものでしょう。しかし「シャブリのテロワール」がすでに確立された記号であればあるほど、実際のモノのレベルにおける個性は演出されたもの、あるいは端的に実質をともなわないものになりがちです。

「テロワール」という語の第二の用法は、このようなテロワールということばの使用に対する批判を含んでいます。「シャブリのテロワール」は、ラベルを通じてではなく、おのれの舌を通じて感じ取られるべきであり、目の前に注がれたワインと直接対《たい》峙《じ》してそのワインが自分にとってうまいワインなのであれば、そのボトルに張られたラベルになにが書いてあったって関係ないではないか、というわけです。この第二の用法における「テロワール」は、記号を媒介としない、いわばむき出しの自然の多様性です。モノとして多様なワインのあるがままを感じ、そのなかで自分がうまいと思うワインをうまいワインだと愛でる。どんなラベルが張られていようが、そのワインについてメディアがなにを書きたてようが、そんなことは関係ない。こういった規範に結びつくのが、この第二の意味での「テロワール」です。ここには他者や自分よりもすぐれた存在による承認の契機は存在しません。あるのは良くも悪くも身の丈の自分とワインとの対峙があるだけです。そこにある「文化」は、ジャージ姿で近所のコンビニに出かけ、ストレス解消にカラオケで熱唱する生活と同じものです。

しかし、そうだとすると、テロワールということばは、ブランド的な記号的付加価値か、むき出しの物理的多様性かのいずれかでしかないことになってしまいます。それはハイカルチャーとサブカルチャーはどちらがすぐれているかというのと同じたぐいの不毛な二項対立です。実際、多くのワイン愛好家にとって、「テロワールなんて高く売るための記号でしかない」という議論も、「テロワールはあらゆるワインが個性をもつという当たり前の事実の言い換えでしかない」という議論も、ピンとこないのではないかと思います（私もピンときません）。

やや大上段に構えますが、私は、この袋小路は、結局のところ、根本的な発想において、文化が自然から切り離され、文化のなかだけで話が閉じてしまっているところに起因しているのではないかと思います。

「文化と自然」という二分法の弊害

たしかに文化を自然と対置する考え方は、ある意味ではありふれています。世界遺産だって、世界文化遺産と世界自然遺産に分かれていますし、いわゆる「文系」と「理系」の区別も当たり前に流通しています。

ワイン飲みの立場でもうすこし具体的にいえば、ワインを飲んで血中のアルコール濃度が上がれば酩酊《めいてい》するというのは、どの人間にも避けられません。これは自然に属することです。しかし、程度差はあれ、アルコール摂取の結果としてどの程度非日常的な振る舞いが許されるかということについては、時代や地域でかなり異なります。これは文化に属することです。前者は人間の動物的、ないしは物質的側面、そして後者は人間の社会的、ないしは精神的側面ということもできるかもしれません。

しかし、このような文化と自然の区別は、歴史的にいえば近代以降のものです。もちろん古くはギリシア哲学にも、ピュシス（自然の秩序）とノモス（人為の秩序）という区別はありましたが、そこでは、ピュシスの優位のもとにむしろ両者が合致することが求められました。しかし近代以降の文化と自然の区別は、両者がそれぞれ固有の法則性をもつ別々の領域であるという発想に立っています。自然に属する領域では、一つの法則がいつでもどこでも同じように妥当します。アメリカでは水は一〇〇℃で沸騰するが、日本では水は八〇℃で沸騰するといったことはありません。しかし文化に属する領域では、異なる時間や場所を超えて妥当する法則はありません。個性こそが文化の本質です。もし時間や場所を超えて妥当するのであれば、それはむしろ文化ではなく、人間（という動物）にとっての自然です。

近代という時代は、人間がもつ再帰性を根拠として、この二つの領域の区別を、単に認識上の区別としてではなく、（そもそも世界がそういうふうにできているはずだという意味で）存在論的な区別として前提にしてしまいました。自然に属するモノは再帰性をもたないので、時間や場所を超えた法則性の把握が可能であるが、文化に属する人間的現象は、人間がもつ再帰性のために、常に流動的で、すべてが一回的であるというわけです。

このような文化と自然の二分法の弊害は、変化をとらえる視点が狭く偏ったものになるということです。すなわち自然と文化とを存在論的に峻別《しゅんべつ》することで、一方でおよそ自然は、それ自体としては変容する契機をもたない固定的な条件ないしは素材であると観念され、他方でおよそ文化は、無限に可塑的（人間の自由な創意によっていくらでもつくりかえることができる）なものと観念されるようになるわけです。つまり変化は人間の意志からしか生まれず、また逆に人間が意志さえもてば変化は生まれるという考え方に帰着するのです。

繰り返しますがこれは良くも悪くもきわめて近代的な発想です。人間による自然支配の発想でもあります。この発想のなかに置かれると、テロワールとは何かという問いに対しては、「それは究極的に人間の創意にもとづく表現」だとするか「人為を排したところにある本来的な多様性」だとするかのいずれかしかなくなります。いずれにおいても変化をもたらしうるのは人間だけです。両者の対立は、ただ前者ではその変化こそがテロワールの多様性をもたらすととらえられているのに対して、後者においては、その変化が画一化をもたらし、もともと自然にあった多様性を消滅させているととらえられているという違いにあるにすぎません(1)。

しかし、変化とは本当に人間だけがもたらすものなのでしょうか。たとえば、第四講でお話ししたように、シャンパーニュの「発明」のもとになった、一度アルコール発酵がとまったワインからまた発酵が始まって泡を噴くという現象は、一七世紀の地球規模での寒冷化が背景にありました。ドン・ペリニョンの努力は、いわばこの自然の側からもたらされた変化に対する対処として、いかに泡を出さないかという方向で捧げられたものです。ここで能動的だったのはむしろ自然のほうであり、人間のイニシアティヴは、せいぜい泡の出るワインを楽しむ文化が生まれたという最後の一コマで発揮されたにすぎません。

またフランス北西部のロワール川流域では、ミュスカデという品種からさわやかな白ワインが広くつくられています。このミュスカデは、もともとムロン・ド・ブルゴーニュという名称の品種で、その名のとおりブルゴーニュ地方に分布していました。実は、この品種は耐寒性にすぐれているのが特徴で、やはり一七世紀の寒冷化に際して、ロワール地方に持ち込まれたのでした。ただこのムロン・ド・ブルゴーニュは耐寒性にはすぐれているものの、ワインの仕上がりはいささか軽いものになりすぎる傾向があり、そこで出てきた工夫がシュール・リーと呼ばれる技法でした。アルコール発酵ののち一定期間酵母をワインのなかに残し、それによってワインにコクを与える技法です。今日では、ミュスカデ・シュール・リーはロワール地方の白ワインを代表するワイン・スタイルの一つですが、この変化の引き金ももとをただせば寒冷化という自然の側のイニシアティヴだったのです。

社会と自然のあいだのゆらぎ

こうした比較的純然とした自然の側の変化もさることながら、ここでさらに強調したいのは、そもそも人間がもたらす変化のうち、人間が意図したとおりの変化などたかがしれているということです。たとえば、これも先に触れたフィロキセラの大流行は、フランスのワイン産業を壊滅の縁に追いやり、ヨーロッパのワイン地図を一変させるほどのインパクトをもちました。それによって、ブドウ自体がつくられなくなった地域がある一方、職を求めた醸造家の移動が、技術移転を引き起こし、新たな銘醸地をつくったわけです。このフィロキセラの害は、大西洋を横断する蒸気船交通の定着によって引き起こされたという意味では、人間が引き起こしたものです。しかし、それは決して予期されたものではありませんでしたし、まして意図されたものではありませんでした。

この点からいえば、ブドウ栽培における農薬や化学肥料の使用も、もちろん人間がもたらした変化です。そしてまたそれは収量の増大と安定化という意図した効果を生みました。まさに近代化の勝利としてのフォーディズムです。しかし他方、それは意図せざる帰結も生みました。過剰生産です。今日、農薬や化学肥料の使用を抑えたり、全面的に放棄したりするワイン・メーカーが増えているのは、もちろん「より良いワインをつくりたい」というメーカーの意欲でもあるでしょうが、少し長期的な観点からみれば、ワイン産業の近代化がもたらした意図せざる帰結に驚いて、出した手を引っ込めただけというふうにも見られます。いずれにせよこの変化は、人間の能動的意図の外部からもたらされた原因によるものであることに変わりはありません。

誤解を避けたいのですが、私はすべての変化が人間に由来するというパラダイムを批判して、逆にすべての変化が自然から、あるいは人間の意図の外部からやってくると主張しているのではありません。私が指摘しているのは、むしろ変化とは、人間と自然のあいだの関係のネットワークのなかから生ずる相互作用・相互影響の連鎖であるということです。私が批判しているのは、どこかにその変化を一元的に統御する主体なり論理なりがあるという前提にしばられてしまう発想です。すでに述べてきたとおり、ワインは社会のシステムと自然のシステムのあいだでつくられます。いくら技術や需要があっても物理的にブドウがないところでワインはつくられませんし、いくらすばらしい環境があったとしても、その環境を生かす生産者とそこでつくられるワインを求める消費者とが結びつく回路がなければ、やはりワインはつくられません。そして単にワインがつくられるかつくられないかだけではなく、具体的にどのようなモノになるのかも、やはり社会と自然の二つのシステムのあいだでゆらぎながら、かたちづくられていくのです。

温暖化の影響

この点で、今日ワインの世界でおおきな問題になっているのは、地球温暖化のインパクトです。広い意味での環境問題としての地球温暖化については、さまざまなタイプの懐疑論もありますが、ワインの現場において地球温暖化と結び付けられてとらえられているいくつかの現象があるのは確かです。ワインの世界におけるこの分野の第一人者は、アメリカの南オレゴン大学のグレゴリー・ジョーンズです。ジョーンズは、世界二十五カ所のワイン産地について過去五十年間の気候データを分析し、それをオークション会社のサザビーズのワイン格付けと比較するという研究をおこないました。その結果、まず全体として世界の高級ワイン産地のほとんどで、ブドウの生育期の気温がこの五十年のあいだに、平均して約二℃上昇していること、そしてその気温上昇とほぼ並行してワインの品質が向上していることがわかったそうです。

もちろん、この五十年間のあいだには、さまざまな技術革新があり、かつてならどうしようもない不作の年のブドウも今日ではある程度のワインに仕上げることができるほか、高級ワインに関しては価格上昇の結果、より厳しい選果をおこなうこともできるようになりました。結果として、いわゆる不作の年であっても、高級ワインの品質についての印象はあまり下がらないという傾向があります。ジョーンズもそのことは承知しており、そういった他の要因を割り引いても、この五十年間における（サザビーズの価格で測った）品質向上の一〇－六二％は、ブドウの生育期の気温上昇に帰することができると結論づけています。

このような温暖化の「恩恵」は、特にドイツなどの冷涼な地方で大きいようです。実際、近年ドイツでは辛口の赤ワインの比率が急激に高まっています。かつてドイツといえば、半甘口でアルコール度数も低めの白ワインが主力商品でした。緯度が高く日照が不足しがちなドイツでは、黒ブドウが十分色づくことさえ困難な場合もあり、かつてはドイツのワイナリーで赤ワインを出されたら、とりあえず色が赤いことを褒めろとさえいわれたものだそうです。それが近年では赤ワインの比率が急激に高まっており、特にシュペートブルグンダー（ピノ・ノワール）の佳作が国際市場に出回り始めているのが目を引きます。もちろんこのような赤ワインへの転換は、市場の需要にこたえるという動機によるところがおおきいのはたしかですが、だからといって物理的条件がないところでつくるわけにはいきません。

ほかにも、すでにふれたイングランド南部のほか、オーストラリアのタスマニア、チリやアルゼンチンの南部に良質なワインの産地が拡大ないしはシフトしてきている現実があります。またベルギーやデンマークのようなこれまでほとんどワイン生産とは無縁だったヨーロッパ北部にも本格的なワイン生産が広がっているほか、中国の山西省にも、香港資本のグレイス・ヴィニヤードのような国際水準のワイナリーが出てきています。

テロワールの危機

さて、これだけならむしろ良い話のようにも聞こえるのですが、問題はこのあとです。もしこのペースで地球温暖化が進んだら(ジョーンズは「進む」という前提で考えているようですが)、五十年後、つまり今世紀の半ばには、ヨーロッパの現在のワイン地図は、かなりの描き換えを余儀なくされるという予測が立てられています。カリフォルニア北部、オーストラリアのシドニーの北にあるバロッサ・バレー、スペインのリオハ、中部イタリアのキアンティ、フランス南部のローヌ地方などで二℃以上の気温上昇が見込まれています。

ブドウは熟すにつれて、糖度が上昇するとともに酸度が低下していきます。ワインの味の骨格は、辛口ワインならアルコール度と酸度、甘口ワインなら糖度と酸度とのバランスで決まるので、いずれにせよ、畑におけるブドウの酸度が十分残っているうちに糖度をどこまで引き上げて収穫するか、そのバランスがきわめて重要になります。気温の上昇は、ブドウの糖度を引き上げますが、酸度が低下しやすくなってしまうため、糖度と酸度のバランスをとることが困難になります。酸度が低く、アルコール度／糖度ばかりが高いワインは、平板な味わいで、熟成のポテンシャルもない駄作になってしまいます。

右に挙げた気温上昇の激しい地域の多くはもともと温暖な地域が多く、これ以上の気温上昇は、付加価値の高い高級ワインの生産そのものの危機でもあります。現に、逆浸透膜法のような高度な技術的介入によって、ワインから過剰なアルコールを除去しているケースもあります。

それればかりでなく、オーストラリアの著名ワイン・コンサルタントであるリチャード・スマートは、地球温暖化によって、世界各地で栽培品種の変更が迫られるだろうと警告しています。特に「旧世界」では、それこそ「テロワール」と品種とが密接に結びついて理解されている——ほっこりと甘いグルナッシュの植わったロマネ・コンティやピーチやジャスミンの香りがいっぱいのヴィオニエでつくられたル・モンラッシェは、趣味の悪いパラレル・ワールドの産物としか思えません——ので、これはある意味ではテロワールの危機であるともいえます。

さて、この地球温暖化は、一般にいわれているとおりならば、単に（氷河期と間氷期のサイクルを生む）地球の公転軌道のずれや太陽活動の周期的変動といった、自然要因だけに帰せしめられるものではありません。化石燃料を用いた人間活動の劇的な拡大によって、二酸化炭素など、いわゆる温室効果ガスが大量に排出された結果として引き起こされたものです。ただ、そもそも温室効果ガスが大量排出される社会的過程、そしてまた温室効果ガスの排出と実際の温暖化とのあいだの因果関係が、それほど単純なものではないということもたしかです。そこには人間と自然とのあいだの複雑な相互関係・相互影響のネットワークがあります。少なくとも地球温暖化を意図する主体などどこにもいなかったということはいえるでしょう。

もちろん温暖化が問題として認知された以上、それに対処するのは人間のイニシアティヴです。実際、そうであればこそ、ワイン業界でも温室効果ガスの削減へ向けた取り組みがさまざまに試みられています。たとえば低価格ワインにガラス瓶ではなく、ペットボトルを採用することで軽量化を図り、輸送にともなう二酸化炭素の排出削減を狙う試みなどは、二〇〇八年のボジョレー・ヌーボーの際に、大手スーパーのイオンが大々的に輸入したのでご記憶の方も多いでしょう。今日ワインの流通はきわめてグローバルになっており、その輸送によって発生する二酸化炭素をどう削減するかは業界にとっておおきな課題です。さしあたっては、ペットボトルの採用などのパッケージの軽量化が焦点ですが、今後、温暖化問題への意識の変化如何《いかん》によっては、ワインの世界がふたたび地産地消に向かう可能性もあるかもしれません。

テロワールの創造へ

しかし、今後五十年や百年、さらに長いスパンで見た場合、温暖化そのものを食い止めたり、逆転させたりするのではなく、むしろ温暖化に適応しようとする主体が現れることもおおいにあるでしょう。古い産地に見切りをつけ、新しい産地に進出し、既存の品種から、もっと条件の適した別の品種に植えかえを進めるような主体です。それはさきほど述べたようにある意味ではテロワールの危機ですが、別の意味ではテロワールの創造でもあります。ただ、このテロワールの危機／創造にあたって、本当に「主体」的なのはいったいだれなのでしょうか。

直接的にはブドウを植えかえる人間だということになるのかもしれません。しかしそこで畑から引っこ抜かれているブドウは、単なる客体としてのブドウではなく、長い間の人間と畑との相互作用のなかで、その土地に最もよくあう品種として定着した、すなわち「テロワール」の一部となったブドウだったはずです。そうであるならば、そのブドウにはすでに自然的要素（モノの側面）と文化的要素（人間の側面）の両方が宿っていることになるでしょう。つまり品種の転換は、単に人間がブドウというモノを植えかえるという話ではなく、ブドウに宿る人間の側面――そのブドウがその地の「テロワール」の一部となるまでに積み重ねられてきたコミュニケーションの蓄積――に、人間が対峙する文化的過程でもあるわけです。そこには、ブドウを通した異なる世代の人間のあいだの対話が含まれるだけではなく、さらにその異なる世代の人間がそれぞれに畑と交わした対話の蓄積が織り込まれています。その意味では、単にブドウにモノの側面と人間の側面があるだけではなく、人間の側にも、ブドウや畑によって促された営みが刻印されており、それが入れ子的にフィードバックされて「テロワール」の構築に参加しているのです。

このように「主体」は、多元的な関係の網に編み込まれ、埋め込まれています。しかもその網の結び目を占めるのは、純然たる人間、純然たる自然物ではなく、むしろいわば人間とモノとがたがいに浸潤し合ったハイブリッドです。テロワールは、このような人間とモノのさまざまなハイブリッドが織り成す関係のネットワークのなかで、常につくりなおされ、つくりだされる過程にあるのです。テロワールが自然に属するのか人間に属するのかといった問いは、このリアリティを無視した近代のイデオロギーのなかでしか意味をもちません。その意味で、つくられた記号的付加価値に還元されるようなワイン、むき出しの物理的多様性に還元されるようなワインは、そういったものがもし存在すれば、いずれもきわめて近代的なワイン[2]だとはいえましょう。しかし、実際には純粋にそんなワインは存在しませんし、限りなく近いものが仮にあったとしても、ほとんどワインの名にも値しないほど無価値なものです。

そしてこのことが、前回に論じたテロワールの構築主義の真の意味です。少なくともここでの構築主義は、単にテロワールが歴史的に構築されたものだということを――したがっていくらでも好きにつくりかえられるとか、どのテロワールの価値も相対的だとかいったことを――指す考え方ではありません。それは、テロワールが、いわば自然のシステムと文化のシステムが接する場において、二つのシステムの揺らぎやフィードバックの相互作用・相互影響のなかで、たえずつくりなおされ、つくりだされる、その意味での進化のプロセスだということを意味するものなのです。

以上、第二部では、パリ試飲会事件をきっかけに、ワインの世界におけるポスト・フォーディズム化の話から入って、パーカーリゼーションにともなう「テロワール」概念のイデオロギー化を批判的に検討してきました。そしてテロワールの構築主義という視角を立てることで、ワインの世界におけるグローバリゼーションの現局面を、よりリアルなかたちでとらえるうえでの基準点を提示しました。第三部では、このテロワールの構築主義を踏まえつつ、より実践的に、ワインのグローバリゼーションをどう生きるか（どう飲むか？）という問いについて、いくつかの論点を示したいと思います。

第三部　ポスト・ワイン

第十講　ワインのマクドナルド化？

ワインとスノビズム

これまでの講義のなかで、私はたびたびワインには、モノとしての側面と記号としての側面とがあるということに触れてきました。モノとしてのワインはつきつめれば、ただのお酒です。記号としてのワインは、まあひらたくいえばさまざまなウンチクの塊です。

こう書くと、ワインのモノとしての側面が本質的な価値で、記号としての側面は表面的な飾りであるかのように受け止める方がちょいちょい現れます。

たしかに、味もロクにわかっていないのに、どこで仕入れたのか、やたらウンチクをたれ流すような人と一緒では、あまり愉快にワインは飲めそうにありません。ワインとスノビズムとの結びつきは、別に日本だけのものではなく、グローバルなものです。ワイン・スノッブを揶揄《やゆ》したり批判したりする文化はほとんど普遍的といってもよいでしょう。

ただ、では知識なんかいらないから、ただ自分の味覚を信じて飲めばいいのかというと（実際「初心者」に向かってそういうアドバイスをする方もこれまた結構多いのですが）、そうともいい切れないように私は思います。求められてもいないウンチクはたしかに人をうんざりさせるだけなのですが、ワインの楽しみは、ただおいしいかおいしくないかだけではなく、このワインのおいしさとあのワインのおいしさはどう違うのかということについての思索と表現を通じて、単なる感覚的快楽以上のものになりうるところに大きな比重があるからです。「難しいことはいいから、自分がおいしいと感じるものを素直においしいと思って飲めばいいんだよ」というのは、一見正論のようなのですが、あまり上から目線で訳知りにそういわれると、かえってワインの深い楽しみや豊かさへの入り口の在処《ありか》を隠してしまいかねません。

実際のところ、ワインの記号的側面に対する敏感さとワインのモノの側面に対する敏感さとは、ある程度まで相関しているとさえいっていいと思います。ただ飲んだだけでは「爽《さわ》やかなワイン」としか印象をもたなかったワインも、「グレープフルーツの皮の香りを探してみてください」とか「刈りたての芝生の香りを探してみてください」とかいわれて飲めば、同じソーヴィニヨン・ブラン種のブドウからつくられたワインのなかにも、さまざまな味わいのワインがあることに気がつくでしょう（実際、適切な一言が添えられるだけで、ワインの味わいは劇的に奥行きを増すのです）。品種名や産地名、特徴的な香りに対する決まった表現などはいずれも、ワインの記号的側面にかかわる情報です。こういったものまで含め、一切の記号的側面を排除してモノとしてのワインに向き合えというのは、天文愛好家に望遠鏡なしで夜空と向き合えといっているのに似ています。

おそらく、このような原理主義的な反記号主義が出てくる背景には、モノはシンプルなのに、記号が無用に煩雑で、そのせいで楽しいはずのワインが窮屈でわかりにくいものになっているという考え方があるように思われます。しかし、そのようなとらえ方はせいぜい現実を半分くらいしか言い当てていません。たしかに、「ただのお酒」としてのワインはある意味ではシンプルです。つきつめれば、一人ひとりの飲み手にとっておいしいかおいしくないかだけのものともいえるかもしれません。対して記号としてのワインは煩雑です。やれこの料理にそれはあわないとか、せっかくミレジムのシャンパーニュなんだからそんなにキンキンに冷やして飲むなよとか、このクラスのワインならグラスはロブマイヤーのバレリーナにしてほしいねとか、この年のボルドーはメルローはいいけどカベルネはきびしいだろとか、（たとえいちいちごもっともであったとしても）とにかくうるさいというわけです。

記号としての側面の意義

しかし、すでに示唆したとおり、モノとしてのワインの価値を、単においしいかおいしくないかといった一次元的尺度に還元するのは、いささか無理があります。少なくとも潜在的に、モノとしてのワインの価値は、多様性の豊かさにあることを認めるべきでしょう。そして他方、ワインの記号としての側面は、たしかに、ただ素人を威《い》嚇《かく》したり、顧客を幻惑したりすることだけが目的の非本質的な飾りであることもしばしばではありますが、他方でモノの次元の潜在的な多様性を鮮やかに浮かび上がらせるうえで、記号が重要な役割を果たすことも少なくありません。いわばモノの多様性を読み解くコードとして記号が重要なのです。そしてそのような次元で本質的に意味をもつ記号は、一般に思われているほど煩雑ではありません。

すこし突飛なたとえ話に聞こえるかもしれませんが、野球や将棋を観戦しようと思えば、当然ながら、最低限、野球や将棋のルールを知らなければなりません。ただ肉体の躍動を見よとか、ただ棋士の集中力を感じろなどという人はほとんどおられないでしょう（野球マンガや将棋マンガにときどきそういう演出になってしまっているものを見かけますが、それは良くも悪くもマンガ的です）。無論、さらに深く楽しもうと思えば、さまざまな戦術や選手・棋士のプロフィール、監督やコーチの相性や棋士の師弟関係、過去の名勝負や対戦成績など、取り入れるべきデータはいくらでも増えます。しかし、それらを知りつくさなければ、野球観戦や将棋観戦が楽しめないかといえば、そんなことはないでしょう。そこは人によって異なるつき合い方というものがあってしかるべきです。

ワインの多様性を楽しむ土俵に乗るうえで最低限必要な記号的知識は、たとえばこれまでサッカーに興味のなかった人が、ワールドカップをきっかけに見方がわかるようになってファンになったというのと同じ程度のハードルにすぎません。この意味ではワインの記号的側面は、「ワインはとっつきにくい」と感じている人が抱きがちな印象にくらべて、はるかにシンプルなのです。

前置きが長くなりました。確認しておきたいことは、モノと記号という二つの側面のあいだの関係は、「本質的でシンプルなモノとしてのワイン」と「非本質的で煩雑な記号としてのワイン」、「ワインそのものを愛する本物の愛好家」と「ワインをファッションとして消費しているだけのスノッブ」といった安直な批判的図式には収まらないということです。実際には、記号のコードを通じてこそ、モノの次元の豊かな多様性が浮かび上がるからであり、その記号のコードはやみくもに複雑であるよりも、むしろ「オッカムの剃刀《かみそり》(1)」的な意味でシンプルなほうがすぐれているからです。そしてこう述べたうえではじめて、「グローバリゼーションのもとにあって大切なのはワインの多様性をいかに維持し、育んでいくかである」ということができます。今回は、消費者の立場からこの問題について考えてみましょう。

マクドナルド化

第二部のフォーディズムとポスト・フォーディズムのお話を覚えていらっしゃるでしょうか。大量生産大量消費から柔軟な多品種少量生産へという経済のシフトの話です。

このシフトは、大づかみにいえば、生産主導の社会から消費主導の社会への転換というふうに考えることもできました。安価につくればとにかく売れた時代から、売れるものしか売れない（買いたいものしか買わない）時代に変わったわけです。言い換えれば、フォーディズムが生産を合理化するシステムだったのに対して、ポスト・フォーディズムは消費を合理化する（消費から偶然性や不確実性がなくなる）システムであるともいえます。

この消費の合理化は、ワインの多様性にどのようなインパクトをもつのでしょうか。アメリカの社会学者であるジョージ・リッツァは、この消費の合理化としてのポスト・フォーディズム化を「マクドナルド化」というたいへん印象的な表現で概念化し、そのインパクトを広く分析しました。リッツァは、社会学の古典であるマックス・ウエーバーの考え方に基づき、近代化を社会の合理化のプロジェクトとしてとらえています。「マクドナルド化」は、その近代化のプロジェクトの最新局面を指すものです。ここでいう「マクドナルド」はもちろん比喩です。それは次の四つの次元からなる変化の総体を指しています。すなわち、効率性、計算可能性、予測可能性、制御の四つです。

効率性とは、ある状態から別の状態へ移行するうえでもっともムダのない方法をとること、つまり時間と費用を切り詰めることです。たしかにマクドナルドでは、サーヴィスの速さと価格の低さが大きな売りですね。

計算可能性とは、商品やサーヴィスをなるだけ均質化して、質によってではなく量によって価値が測られるようにすることです。たしかにマクドナルドでは、価格設定はおおむね商品の(おいしさというよりは)ヴォリュームに比例しています。

予測可能性とは、どこでも均一で等質な商品やサーヴィスの提供を受けられるという保証のことです。たしかに、「あそこの駅前のマクドナルドは、オレの学校のそばのマクドナルドよりビッグマックのお肉が大きいゾ」なんてことがあったら困りますよね。

そして制御とは、商品やサーヴィスを提供する側はもちろん、それを受ける側も、ある一定の枠のなかで行動するようあらかじめ回路づけられるようになることです。たとえば、マクドナルドのメニューの見せ方や店員の受け答えは、セット・メニューを注文したうえでなにかオプションをつけるという方向に客を誘導するように設計されていたり、店内のテーブルの配置や椅子の堅さや高さなどによって、客が不必要に長居することを妨げるように設計されていたりします。

これら四つの次元の変化が複合して社会は、単に生産の場面だけではなく、消費の場面までふくめて、その全体が一つの大きなファーストフード・レストランのようになっていく傾向を帯びつつあるというのが「マクドナルド化」の概念です。

もちろんマクドナルドでワインは出ません。チキンマックナゲットやクォーターパウンダーとワインのマリアージュ（料理とワインとが互いにそのおいしさを高めあう組み合わせ）を提案するソムリエにもお目にかかったことはありません。マクドナルドとワインなんてまるで接点がないようにも思われますが、マクドナルド化とワインなら話は別です。

「ワインのマクドナルド化」の例

まず指摘できるのは、ワインを飲ませる店が急激に増えたということです。たしかにマクドナルドでワインは飲めませんが、たとえばイタリア風料理のファーストフード・チェーンであるサイゼリヤではワインが飲めます。価格はかなり抑えてあり、ハウスワインは、グラス（一〇〇円！）、二五〇cc（一九〇円）と五〇〇cc（三七〇円）のデカンター、一五〇〇ccのマグナム（一〇六〇円）といろいろなサイズで注文できます。ほぼ全店舗で同じワインが飲め、右記のハウスワインのほか、赤の半甘微発泡（一本七五〇ccで一〇三〇円）、ロゼの甘口微発泡（同一〇三〇円）、赤の「キアンティ」が二種類（同一〇三〇円と一九八〇円）と白の「ベルデッキオ」（同一〇三〇円）が一種類、さらに「プレミアム」と称する赤と白が一種類ずつ（同一九八〇円）と、実質的なツープライス設定で種類がしぼりこまれていて、ワインのことを知らなくても選びやすいメニューです。つまりここに見られるのは、効率性、計算可能性、予測可能性、制御のすべての次元においてマクドナルド化されたワイン販売の一つの形態だということです。

もうすこしアップマーケットなワインでもマクドナルド化は起こっています。表参道ヒルズに入っていたビスティーズというワイン・ショップは、ふつうにワインを買って帰ることもできるワイン・ショップでもありますが、店内に座ってワインを飲めるスペースがあり、ワインに合う料理も頼めます。ここの売りは、店の奥の壁を埋め尽くすワイン・ディスペンサーです。このディスペンサーにはワイン・ボトルがセットされており、二〇cc、五〇cc、九〇ccと指定した単位ずつグラスにサーヴできるようになっているのですが、特殊技術でワインと空気の接触を完全に遮断する機構になっていて、抜栓から最後の一滴までワインの風味の劣化を抑えるようになっているのです。

客は、チャージ式のプリペイドカードを購入し、そのカードをディスペンサーに差し込んで、セルフサーヴィスでグラスワインを購入し、あとはテーブルで食べ物をオーダーして一緒に楽しむなり、一杯軽くひっかけて帰るなり好きにすればいいというしくみです。常時八十種のワインは、小売価格で一本数千円から数万円のものまであり、かなり本格的です。たとえば一本一万円のワインも五〇ccなら一〇〇〇円台で買えるので、一度飲んでみたかったけれど高くて手が出なかったワインをとりあえず味見したいという向きにも手が出しやすいでしょう。二〇ccは本当に軽く味見程度、五〇ccはプロがおこなうテイスティングのサイズ、九〇ccはいわゆるグラスワインの基本サイズなので、客は自分の関心に応じて納得のいく量だけ購入することができます。八十種類の品ぞろえがあれば、たいていの客は好みに合う（あるいは関心をひく）ワインをみつけることが期待できますし、特殊技術のディスペンサーのおかげで、グラスワインにつきもののタイミングによって風味の落ちたワインにあたってしまうリスクも避けられます。また店にソムリエはいるので、尋ねればワインそのものに関する質問には答えてくれますが、基本的にワインの給仕は機械相手のセルフサーヴィスなので、ソムリエが客の特別なニーズにこたえるといったような（同じクラスのワインを出すようなレストランやワインバーでなら当然ありうる）シチュエーションはあらかじめ排除されています。

つまり、客単価こそちがえ、やはりここでも効率性、計算可能性、予測可能性、制御のそれぞれの次元において合理化が図られているわけです。これもワインのマクドナルド化の一例といっていいでしょう。

しかし、先に述べたとおり、マクドナルド化は、単にマクドナルドやファーストフード店、外食産業のなかだけの話ではなく、むしろ社会全体のあり方の問題として概念化されたものです。この観点からいえば、コンビニエンスストアやスーパーで売られるワインが、むしろワインのマクドナルド化の典型だといえるでしょう。そういったところで売られているワインは、おおむね安価です（棚のほとんどが一〇〇〇円そこそこのワインで、あとは四－五〇〇〇円程度のシャンパーニュがほんの二、三種類しかおいていない普通のスーパーに、なぜか一本一万数千円のドンペリがおいてあったりすることはありますが）。顧客は、そういったところでワインを買う場合に、ワインの多様性や意外な出会いといったことにはほとんど関心をもちません。むしろ、いつも同じものとか（最近では缶入りワインも登場しました）、あらかじめわかっている記号的価値などを求めている（だからスーパーにもドンペリがおいてあるんでしょうね）ことが普通です。したがって、こういったワイン消費が、消費者の経験の質的な拡大をもたらすことはほとんどありません。これはワインが、というよりも、私たちのライフスタイルがマクドナルド化していて、その結果としてマクドナルド化されたワイン消費が広がっているのだととらえるべきでしょう。

合理化による疎外

断っておかねばなりませんが、マクドナルド化はさしあたりそれ自体として悪いことではありません。なんといってもそれは合理化なのです。私も仕事で遅くなって、夕飯は帰りの私鉄の特急のなかでお弁当やサンドイッチですませるといったようなときなど、駅ビルのスーパーで売っている缶入りワインを重宝に感じることは少なくありません。あれこれ迷う時間のロスもなく、一定の満足が確実に得られるわけですから。

しかしリッツァは、マクドナルド化の帰結について、かなりの危機感をもっているようです。彼は、徹底した合理化がもたらす非合理性を指摘します。もともと合理化というのは、非効率性や不確実性を排除していくことで、人間がもつ自由を最大限に発揮できるようにすることが目的であったはずです。しかしそれは他方で、合理化の外部にある人間の振る舞いを次第に許容しなくなります。人間の自由を増大させるために社会のシステムを合理化すると、逆に合理化された社会のシステムが命ずる（ないしは許容する）行動以外の行動の自由が人間から奪われるというパラドクスがあるのです。合理化が進めば進むほど、人間は、一つの大きな機械となった合理的社会システムの部品に変えられてしまうといってもいいでしょう。リッツァの考え方のベースを提供したマックス・ウェーバーは、このことを合理化の「鉄の檻《おり》」と表現しました。

こう述べると、「私は、そんなファーストフード的なワインの消費の仕方はしていませんよ」と、胸を張る方もおられるかもしれません。実際、私のまわりのワイン愛好家の方のなかにも、ある種の消費文化に対する嫌悪感を隠さない方、端的にいえばファーストフードやコンビニとは無縁な生活をしておられるような方は多いです。しかし、ではそういう方は「鉄の檻」の外に生きているのかといえば、そうとも限らないような気がします。そういうタイプの愛好家の多くは、ワインに関する知識も豊富です。ただその裏返しとして、ワインをベストの状態で飲むことへのこだわりに縛られてしまいがちな場合が少なくないように思われるからです。

たとえば、ワインはタイプによって飲み頃の温度が違います。ソムリエ教本などには、たとえばブルゴーニュの赤なら一六－一八度でサーヴせよと書かれています。もちろん高価なフルボディの赤ワインを冷蔵庫から出してすぐの温度で飲めといわれたらちょっと戸惑いますし、軽快なスパークリング・ワインもぬるくてはあまり楽しめません。しかし、だからといって、温度計（「ワイン専用」としてけっこういろいろなタイプのものが実際売られているのですが）とにらめっこしてワインを飲む光景には一抹の疎外があるのではないかという思いを禁じえません。

またワインは、コルクを抜いてから空気と触れることで、かなり風味が変化します。もちろんどんどん飛んでいってしまう香りもあるのですが、他方で空気と触れることで「開く」香りもあります。そうすると抜栓後、そのワインのもつポテンシャルが最も引き出されたところで飲みたいという欲望が生まれます。ワインのことが少しわかってくると、この欲望に捉われやすくなり、飲む何時間前にコルクを抜いておくべきかとか、デカンタージュの必要性だとかにやたらうるさくなります。また逆にベストの状態をすこしでも過ぎたら、一二月二六日にクリスマスケーキを出されたかのように興ざめたりします。

もちろん高価なワインをプロにサーヴしてもらうようなシーンならば、そういうこだわりがあってもいいとは思うのですが、日常飲むワインで多少奮発した程度のものにまで、いちいちそんなことをいっていては、あまりに窮屈です。開ききっていないなら、グラスのなかですこし待つなり、明日にとっておくなりすればよいのですし、（ある程度以上の古酒だと話は別ですが）良いワインほど、抜栓後一日二日程度なら、劣化というより変化といったほうがよいでしょう。バランスや総合的な味わいから考えて、「ベスト」とはいえないまでも、線香花火の見どころが、激しくバチバチと燃えているときだけではないのと同じように、いくつかの表情を見せたのちに消えていく変化に宿る楽しみを否定するのはもったいないことだと思います。

さらにいえば、似たような「ベスト」追求志向は、瓶熟成にも現れます。すでに前回までのお話のなかで触れたように、良いワインほど瓶詰め後の熟成による風味の変化は、長く高く昇っていくカーヴを描きます。しかし、個々のワインについてそのカーヴを正確に予測することは困難です。それこそパーカーをはじめ、専門誌が飲み頃予想の情報を提供していますし、すこし飲みなれてくれば、産地とつくり手、その年の作柄などの客観的な情報から、だいたいの見当はつきます。しかし抜栓後のピークと同じことで、ここでも「ベスト」を追求しすぎることがかえって、ワインの楽しみからの疎外をもたらす面を指摘しておくべきでしょう。長熟型の高価なワインをあまりにも早く飲もうとするのはたしかにもったいないですし、ボジョレー・ヌーボーのような生鮮食料品を後生大事にとっておいても（少なくともおいしさという点では）ほとんど何の意味もないですが、開けてみたら意外と若々しい味わいだったとか、また逆に意外に熟成が進んでいたといったような驚きもワインの楽しみの重要な一部なのです。

このように、ワインを便利に飲もうとする「普通」の消費者だけでなく、「ベスト」の状態で飲もうとする、いわば「プロ消費者」もまた、合理性の追求の果てにかえってみずから疎外されるという「鉄の檻」に閉じ込められてしまっていることが多いのです。言い換えれば、啓蒙《けいもう》されざる消費者と啓蒙された（されすぎた？）消費者とのあいだの狭い隙間にしか、この「鉄の檻」の外部へと通じる道はなさそうに見えます。

実際、リッツァもその著『マクドナルド化する社会』のなかで、マクドナルド化への個人的な生活のなかでの処方箋としては、せいぜい「マクドナルド的なものだけで生活を構成したり、マクドナルド的なものが生活の不可欠のルーチンに組み込まれたりすることがないようにしよう」といった程度のことしかいえていないようです。それ自体はそうかもしれませんが、もうすこし積極的なオルタナティヴはイメージできないものでしょうか。次回は、リッツァの議論のその後を追いかけながら、グローバリゼーションのなかでのワインの可能性について、さらに考えてみましょう。

第十一講　ローカリティへの疑問

ワインの無と存在

前回は社会学者のジョージ・リッツァが提唱した「マクドナルド化」という概念を鍵にして、ワインという鏡のなかでグローバリゼーションが、一方で消費者のイニシアティヴを増大させているにもかかわらず、まさにそれを可能にしてきた合理化の徹底それ自体によって、かえって消費者の生活の質の問題として窮屈なことになってきてしまっているのではないかというお話をしました。しかもマクドナルド化へ向かう社会の趨勢は広範かつ強力で、その力が及ばない場所やそこからの出口は容易には見つからないのではないかという、リッツァの危機意識にも触れました。

実は、リッツァは『マクドナルド化する社会』という著作のあと、『無のグローバル化』という著作で、さらに彼の考え方を展開しています。そのなかで彼は、一般に「グローバリゼーション」といわれている変化が、実際には方向の異なる四タイプの現象を生んでいるという着眼を提示しています。

彼はまずグローバリゼーションが引き起こす変化を分析する二つの軸を立てます。一つは、無（nothing）と存在（something）を両極とする軸、もう一つはグロースバル化（grobalization、後述）とグローカル化（glocalization）を両極とする軸です。いずれも彼独特の定義で使われているので、説明が必要です。

まず無と存在についてです。無とか存在とかいわれると、なんだかサルトルとかハイデガーとかを想起させ、えらく哲学的な印象ですが、リッツァのいう無や存在はそういった哲学的な議論とはほとんど関係ありません。彼自身による無の定義は、「中央で発案・管理され、固有の内容をもたない形態」のことです。逆に存在の定義は「現場で発案・管理され、固有の内容に富んだ形態」のことです。もうすこし具体的に説明しましょう。たとえばお寿司を例にとります。チェーンの回転寿司屋のお寿司は、シャリの炊き方・握り方からネタの種類や大きさなどなど、フランチャイズの本部で決定されたものを、各店舗の現場は忠実に守るよう求められます。客も、同じ「○○寿司」チェーンなのに店によってネタにバラツキがあったりすることを望んでおらず、むしろどの店舗でも同じようなサーヴィスが受けられることを望んでいます。これが「中央で発案・管理され、固有の内容をもたない形態」としての寿司屋です。

逆に地元で愛されて何十年、親子でカウンターに立つ「△▽寿司」は、その日のネタは当然、店主が毎朝市場を見て自分で決めます。出されるお寿司も、あるいは常連客との長いつきあいのなかで、あるいは会話のなかで、客の好みに合わせて加減されます。そういう寿司屋なら、ただおいしい寿司が食べたいではなく、「△▽の寿司が食いたいな」と思う客が少なからずいるでしょう。寿司そのものの味もそうでしょうし、店の雰囲気や店主とのコミュニケーション、その店自身への客の思い入れなどが、「△▽寿司」をかけがえのない存在にしているわけです。これが「現場で発案・管理され、固有の内容に富んだ形態」としての寿司屋です。

グロースバル化とグローカル化

次にグロースバル化とグローカル化です。「グロースバル化」とはリッツァの造語で、元のつづりは grobalization です。この最初の gro- は、リッツァによれば、「経済成長」などの「成長」を意味する grow という語からとってきているそうで、この grow の名詞形は、growth（グロース）というので、『無のグローバル化』の訳者は「グロースバル化」と訳しています。さて、このグロースバル化は「特定の形態をさまざまな場所に帝国主義的に押しつけていく過程」と定義されています。これに対して、「グローカル化」は「外来のものと土着のものとが相互作用することでなにか別の固有のものが生み出される過程」と定義されています。たとえば、幕末維新以来、日本に洋服が入ってきて、次第に和服が廃れていき、今日では大半の人々が普段は洋服を着ていて、いわゆる着物はごく限られた機会にしか着ないといったような変化は、わりと大きなグロースバル化の例です。これに対して、同じく幕末維新以降、日本にさまざまな西洋の素材や料理法が導入されて、トンカツとかカレーライスといったいわゆる「洋食」が生まれました。これらは日本にもとからあるものではもちろんありませんが、しかし外国から入ってきたものがそのまま押しつけられたわけでもありません。「洋食」という新しい固有の料理カテゴリーが生まれたわけです。これはグローカル化の典型例といってよいでしょう。

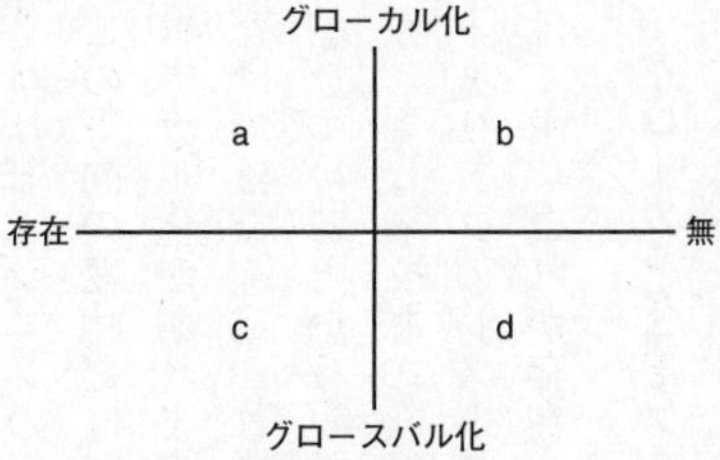

図7　グローバリゼーションの四つの象限

　リッツァはこのような二本の軸を交差させて、グローバリゼーションには四つの象限があると話を進めます。つまり(a)存在のグローカル化、(b)無のグローカル化、(c)存在のグロースバル化、(d)無のグロースバル化の四つです(図7参照)。

　まず多くの人にとってグローバリゼーションの典型的なイメージと重なるのは、(d)の無のグロースバル化です。それこそマクドナルドのようなハンバーガーやコーラ、ジーンズやスニーカーといったものが、巨大な多国籍企業によってグローバルに流通するようになるのは、たしかにグロ

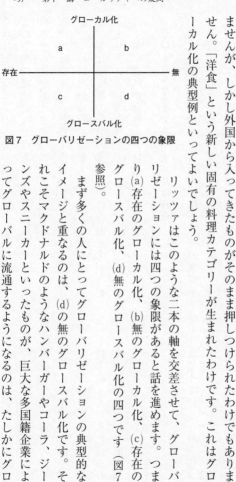

ーバリゼーションの一つの側面です。しかしグローバリゼーションが引き起こすのは、この方向の変化だけではありません。無のグロースバル化の対極には、(a)の存在のグローカル化があります。グローバリゼーションは、たんなる量的な交通や通信の増大だけではなく、これまで出会わなかったもの、結びつかなかったものを、出会わせ、結びつけるという質的な拡大でもあります。グローバリゼーションのそのような側面が、異なる文脈の複数の要素の掛け合わせを引き起こし、京野菜をふんだんに使ったイタリアンのレストランであるとか、津軽三味線のロック・ミュージシャンを生むわけです。これが存在のグローカル化です。

グローカルな無とグロースバルな存在

では残る二つ、無のグローカル化と存在のグロースバル化はどうでしょうか。リッツァは、そもそも無はグロースバル化しやすく、存在はグローカル化しやすいと指摘しています。無は規格化されていて大量生産に適しており、また文脈の固有性が低い(誰にでもわかりやすい)ので広い範囲に需要が期待できる一方、存在は大量生産が困難で、文脈に依存する(わかる人にしかわからない)ので、量的にあまりおおきな需要は望みにくいからです。したがってグローバリゼーションの対立構図は、無のグロースバル化と存在のグローカル化とのあいだの対立に還元して図式化されることも少なくありません。しかし、だからといって、グローカルな無やグロースバルな存在がないわけではありません。

たとえば国際空港の免税品店に、よくパッケージだけ地元の名所があしらわれたチョコレートとか、地名がプリントされたTシャツが売られてたりしますよね。ああいうのは、モノとしては「無」ですが、それぞれの観光名所や地名との組み合わせである種の差異を生んでいるわけでもあるので、無のグローカル化の側面を示す例だと考えられます。日本でも、観光地で売られているご当地キティちゃんみたいな土産物（京都で売っている「舞妓キティちゃん」とか、北海道で売っている「ラベンダーキティちゃん」とか）は、そうですよね。

逆に、たとえばミラノ・スカラ座とか、（「カマンベール風」ではない）フランス・ノルマンディ地方でつくられる本物のカマンベールチーズ（カマンベール・ド・ノルマンディ）[1]は、あきらかに「存在」ですが、日本にもスカラ座の引っ越し公演はやってきますし、それこそ最近ではデパートや専門店に行けば、カマンベール・ド・ノルマンディを手に入れることも特に難しくはありません。こういったことはかなり卓越した存在でなければなかなかないことではありますが、しかし存在のグロースバル化の例だということができるでしょう。

さて問題はワインです。まず、このリッツァの新しい枠組みに照らすと、前回お話ししたワインのマクドナルド化は、必ずしも一つの方向を向いた現象ではないことがわかります。たとえば前回例に挙げたうち、スーパーでいつも同じように売られている安価なワインは、しばしば国際的な酒販企業が（フォーディズム的な意味で）工業的につくっているワインです。これは無のグロースバル化に入るでしょう。同じくスーパーに並んでいるドンペリもここに入ります。「ええっ⁉　ドンペリは無じゃないでしょう?」と思われる方もおられるかもしれませんが、無と存在の区別は価格とは関係ありません。むしろきわめて広く流通している「ブランド品」は無であるとリッツァも論じています。

実際、ドンペリをつくっているモエ・エ・シャンドン社は、ブランド・コングロマリットであるLVMH（ルイ・ヴィトン・モエ・ヘネシー）グループを構成する中核企業の一つであり、同グループの傘下には、ルイ・ヴィトンをはじめ、ロエベやエミリオ・プッチ、マーク・ジェイコブスなどの服飾ブランド、ゲランなどのコスメティックブランド、タグホイヤーやショーメなどの時計・宝飾ブランド、そしてモエ・エ・シャンドンのほかにクリュッグやヴーヴ・クリコ、それにヘネシーといったワイン・

スピリッツブランドなど数十のブランドが入っています。これらのブランド品は、いずれもきわめて高価ですが、高度に洗練されたブランド・イメージが先にあってそれにあわせてワイン自体が設計されていくため、「中央で発案・管理」されていることはまちがいなく、またあまりにも広く流通しているため（これらのブランドの成功は「流行」を管理することにあるわけですから）固有の内容は相対的に乏しいといわざるをえません。その意味で「無」なのです。(2)

しかし同じく前回マクドナルド化のなかで挙げたビスティーズのようなお店で出されているワインは、なかにはドンペリに近いような「ブランド」的性格の強いワインもなくはないですが、大量生産とは無縁で、生産者の個性がモノ自体の個性にしっかりと体現されている「存在」も数多く供されています。このようなケースは、無ではなく、むしろ存在のグロースバル化、すなわちスカラ座の引っ越し公演や本物のカマンベールチーズが日本で楽しめるというのと同じタイプのグローバリゼーションに属するといえるでしょう。つまり外形的にはマクドナルド化のシステムに包摂されているとしても、そのなかで抽象的な合理性に解消しきれない実質的な「存在」を保持しているモノはあるということです。マクドナルド化という概念一本では、こういう区別にはすこし鈍感でした。

グローカルなワイン

第八講の「テロワールの構築主義」のところでお話ししたように、今日、グローバリゼーションとワインを語るときに、しばしば持ち出されるのは、資本とメディアが結託して画一的なワインを消費者に押しつけるグローバリズムと、伝統や自然を重んじてワインの多様性を守ろうとするテロワール主義者という構図です。しかし、すでにお話ししたとおり、この対立構図に描かれるグローバリズムとテロワール主義とは、いずれもリアリティから乖離（偏ったかたちで極端に単純化）したイデオロギー的イメージにすぎません。実際のところ、「グローバリズム」を批判されるワインも、「テロワール主義」を標榜するワインも、つくり手の名前をブランド化する際のレトリックとして「テロワール」という言葉を利用している点では本質的に変わらないのです。

先に私は、リッツァがグロースバル化と無、グローカル化と存在は結びつきやすいと指摘していると述べました。さきほどの図7でいえば、(a)と(d)とのあいだの斜めの対立がグローバリゼーションの主旋律だということになります。しかし、ワインに照らして考えなおしてみると、そのようなとらえ方にはすこし慎重になったほうがよさそうに思えます。というのも、(a)象限と(d)象限との対立はいま述べたテロワール主義とグローバリズムの対立に重なるからです。(d)象限、すなわちグロースバルな無がグローバリズムと重なることは、もはや繰り返すまでもないでしょう。ワインにおけるグローバリズム批判は、グローバルな巨大酒販資本が安価に供給する、飲みやすいけれども無個性なワインに向けられる場合もありますし、メディアと結びついてブランドとして流通するワインに向けられる場合もありますが、いずれにせよそれらはグロースバルな無の範疇《はんちゅう》です。

他方、(a)象限、すなわちグローカルな存在は、テロワール主義と重なります。ありのままの自然や昔から変わらない伝統を守るからではありません。くどいようですが、テロワール主義における「テロワール」は、自然や伝統への回帰そのものではなく、いわゆるグローバリズム的なワインの普及を前提として、自然や伝統への回帰を印象づける新しい演出法にほかなりません。そしてグローカル化とは「外来のものと土着のものとが相互作用することでなにか別の固有のものが生み出される過程」でした。実際リッツァは、彼のいう「グローカル」が、「ローカル」とは異なることに注意を促しています。つまりグローカル化とは、手つかずの伝統の保護、固有の純粋な文化の復興ではなく、むしろ外来のものとの相互作用から新しく生まれてくるものなのです。

言い換えれば、「テロワール主義」を標榜するワインは、(否定的なかたちであれ)最初からグローバル市場を意識している点で外来のものとの相互作用から生まれてきています。その意味で(純粋にローカルではなく)グローカルなワインです。なかには、「テロワール」とは口先だけで、モノとしての個性を演出することに失敗しているワインもありますが(そういうワインは後で述べる(b)象限の「グローカルな無」に接近します)、特にパーカーリゼーション的なグローバリズムに対抗する「テロワール主義」のワインとしてブランド化に成功し、存在感をもつものは、文字どおりグローカルな存在、つまり先の図の(a)象限に属します。

グローカル化の過程

このようにリッツァのいうグローバリゼーションの主軸たる「グロースバルな無」と「グローカルな存在」との対立は、ワインにおけるグローバリズムとテロワール主義とに重なるわけですが、問題は、それがワインのグローバリゼーションのリアリティではなく、むしろイデオロギーをなぞるものでしかないということです。しかし、リッツァの議論が有益なのは、この主旋律からはみ出る方向に(b)と(c)の各象限、すなわち存在のグロースバル化と無のグローカル化へ向かう変化を捉える視角を提起しているところです。ワインに映るグローバリゼーションのリアリティに接近するには、むしろこの二つの象限をよく観察すべきかもしれません。

まず(b)象限は無のグローカル化です。繰り返しになりますが、「グローカル」と「ローカル」は異なります。「ローカル」がグローバリゼーション以前の固有性を想定しているのに対して、「グローカル」はグローバリゼーションのなかでの多様性を想定しているのです。第一部で論じましたが、この講義ではグローバリゼーションを超長期的な観点からとらえてきました。つまり「グローバリゼーション以前」などというものは、せいぜい相対的にしか意味をもたないということです。その意味では、そもそもワインづくりが伝播する長い歴史的過程自体がグローカル化の過程であるということもできます。特に、いわゆる新世界にワインづくりが持ち込まれる歴史的過程は――ヨーロッパ人の文化の押しつけというグロースバル化の側面もあるとはいえ――ワインというモノ自体の観点からいえば、外から持ち込まれたワインづくりが、新しい土地で新しい個性をもったワインを生むというグローカル化の過程として際立っているといっていいでしょう。もちろん今日ではいわゆる「新世界」でも（というかむしろ「新世界」でこそ）、低価格と安定した飲みやすい品質を武器に世界中のスーパーの棚を占拠しているグロースバルな無のワインがつくられていますし、逆に決して「旧世界」のコピーではない素晴らしい個性をもったワインをつくり、国際市場で評価されているグロースバルな存在のワインも少なくありません。
しかし他方で、たとえばインドや中国、さらにはタイやベトナム（ホントにあるんですよ）といった国々に新しくできているワイナリーこそが、今日グローカル化の過程にあるといえるかもしれません。日本もそこに含めてもよいでしょう。もちろんこれらの地域には、すでにかなりの品質に達しているところも皆無ではありません。しかし、いまだワイン自体として明確な個性をもつには至っておらず、「意外な産地でつくられたワイン」という物珍しさで売られているだけのものも少なくないことは事実でしょう。そういったワインは、少なくとも現状においては、極端にいえば、特産の果物の果汁を原料やブレンドに用いた（桃ワインとかキウイワインといった）ローカルな「ワイン」や、よそから買いつけた原料ワインを適当にブレンドして瓶につめ、観光客受けするラベルを張っただけの「お土産ワイン」などと同じカテゴリー、すなわちグローカルな「無」に近いといわざるをえないでしょう。

進化のルート

グローバリゼーションにともなって、ワインの生産地は拡大しています。私は、ワ

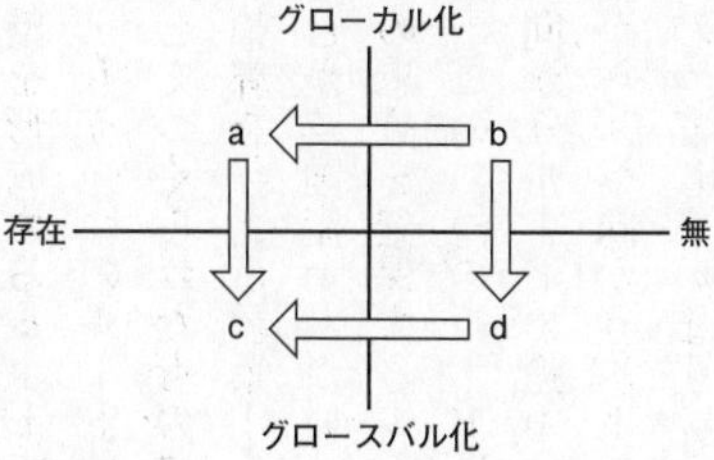

図8　グローバリゼーションにともなうワインの進化

インに映るグローバリゼーションのリアリティとして、この(b)象限のワインが、ワインの進化のベースラインにあると考えます。モノ自体としては無個性であるにもかかわらず（であるからこそ）、文化的にも自然的にも必然性の乏しい記号との組み合わせによって「物珍しさ」を演出し、一回限り的な（観光客的な）消費者の一過的な欲望を引き出すしかないワインの氾濫[3]――これがグローバリゼーションの底辺です。ここからいかにワインのモノとしての進化が図られるかが課題なのです。

この課題に対処するうえで、先に述べたグローバリゼーションの主旋律を成す対立、すなわち無のグロースバル化と存在のグローカル化、あるいはワインのグローバリズムとテロワール主義は、同じ目標へ向かう二つの異なるルートだととらえることができます。上の図（図8）を見てください。ベースラインの(b)象限からワインを進化させる一つのルートは、(d)象限に向かうことです。つまりモノ自体としての個性は乏しくとも、徹底した合理化による安価で安定した供給や高度に洗練されたブランド・マネジメントによって、広範な消費者の持続的欲望を形成するルートです。

もう一つのルートは、(b)象限から(a)象限に向かうルートです。このルートでは、たとえつくられたものにせよ、ワインに、モノの次元でなんらかの個性を与え、それに輪郭を与える言葉――その代表が「テロワール」なわけですが、ほかにも「自然派」とか「国産」とかいった言葉が挙げられます――を紡ぐことで、特定の範囲の消費者の忠誠を確保するルートです。

この二つのルートはいずれも、途中で失敗すると(b)へ送り返されます。(b)から(d)へ向かうルートの途中に躓《つまず》きが生ずると、そのワインは飽きられてしまいます。また(b)から(a)へ向かうルートの途中に躓きが生ずると、そのワインは生産者の自己満足で終わってしまいます。

他方、これら二つのルートは、それぞれ(a)なり(d)なりの象限を必ずしもゴールとはしていません。実際、人間のシステムと自然のシステムとのあいだでたえず揺れ動くワインというモノの進化は、単純に(a)なり(d)なりの象限にとどまることをむしろ困難にします。その意味では、一見典型的に「テロワール主義」的なワインも、また一見典型的に「グローバリズム」的なワインも、いわば動的な平衡にあるといったほうがよいかもしれません。いずれにせよ、グローバリゼーションにともなうワインの進化は、(a)と(d)の両象限から(c)象限へ向かっての変化をも引き起こします。

生産者と消費者の共同性

(a)から(c)への変化は、モノの次元に与えた個性に張ったラベルがなんらかのかたちで――多くの場合は生産者のスター化というかたちで――ブランド化することで、広範な消費者の欲望に訴求するようになるルートです。「テロワール主義者」として名を馳《は》せる生産者が、もともとの自家畑だけではなく、これまでマイナーだった産地で新しいワインをつくりだしたり、よそのワイナリーのプロデュースなどに乗り出し始めたりするのは、この変化の主要な徴候です。

また(d)から(c)への変化は、ブランド力を高度化させていくにともなって、よりセグメント化された消費者の欲望に応えることが、モノ自体への個性の付与をともなって進化するルートです。安価で安定した品質のワインで名前の売れたブランドが、上位キュヴェをリリースしたり、すでに定評のある高級ブランドワインの生産者が、新規に大規模な設備投資をおこなったり、醸造責任者の交代などをおこなって、あえてモノ自体としてのスタイルの変化を志向するのは、この変化の主要な徴候です。

(c)象限、すなわちグロースバルな存在としてのワインは、決して、グローバリゼーションにともなうワインの進化の「あがり」ではありません。(a)から(b)、(d)から(b)の各象限への送り返しがあったように、(c)から(a)、(c)から(d)への送り返しもあります。広範な消費者に訴えるブランドになったためにコアな消費者の忠誠を失ったり、モノ自体としてのスタイルの変化がブランドの記号的意味とのあいだに齟齬《そご》をきたしたりすることは、当たり前に起こっているからです。したがって、(c)象限に属するような、モノとして固有の内容に富みながら、グローバルにその価値が受け入れられ流通するワインも決してなんらかの完成ではなく、むしろそれ自体もまた動的な平衡のなかにあるというべきでしょう。

ただ、(c)象限に属するようなワインが現に存在していることの背景には、グローバリゼーションの特に近年の変化が大きく条件として作用していると思います。それは生産者と消費者とのあいだの価値の共有に対する意識の高まりです。グローバリゼーションは、端的には生産者と消費者とのあいだの距離を拡大しました。生産者にとっても、消費者にとっても、顔が見えにくい時代になりました。しかし他方で、遠隔地を結ぶコミュニケーションの技術やその物理的・社会的インフラも大幅に拡充されました。結果として、グローバリゼーションによって延びた生産者と消費者とのあいだの距離をいかにして埋めるか、言い換えればワインというモノを媒介にして、その流通の両端を含むすべての当事者のあいだで、いかに価値の共有を育むかという意識の高まりがあるわけです。

次回は、この価値の共有の問題を、モノを媒介とするツーリズムという観点から論じていきたいと思います。

第十二講　ツーリズムとしてのワイン

ツーリズム

第三部ではここまで、消費者の視点に軸足を移してワインという鏡に映ったグローバリゼーションを見てきました。第十講では、ポスト・フォーディズム化が、生産だけではなく、消費の合理化をも推進することで、社会全体を——つまり単に労働から疎外されるだけではなく、いわば生活全体から疎外されるという意味で——「鉄の檻」にしてしまう傾向についてお話ししました。第十一講では、存在と無、グロースバル化とグローカル化という二つの軸を導入することで、グローバリズム対テロワール主義のイデオロギー的な構図を相対化し、グローバリゼーションがグローカルな無を増殖させる一方、グロースバルな存在の可能性を高めるものでもあることを指摘しました。

もう一度基本に立ち返って考えてみると、こういった諸現象の背後には移動性（モビリティ）の高まりがあります。ヒト、モノ、そして情報の移動が量的にも質的にも拡大したからこそ、消費者は常に自らの消費行動を最適化する動機と手段を与えられるのですし、また一方で（大半は表層的な記号的差異しかもたないとしても）新しい掛け合わせが世界を多様にしながら、他方で本当に卓越した個性をもつものは空間を超えて流通するわけです。

今回は、（社会学的に拡張された概念としての）「ツーリズム」をキーワードにして、この移動性の高まりがなにをもたらしつつあるのかを考えてみたいと思います。

ツーリズムはひらたくいえば、もちろん旅行、特に観光旅行のことですが、社会学的に特に「ツーリズム」という場合、それはおおむね近代、それも産業革命以降にはじまったものです。もちろん近代以前にも人は旅行をしました。商業はモノを運ぶ人間の移動なしでは成り立ちませんし、聖地への巡礼も古くからあります。また高貴な身分の人々が娯楽や教養、あるいは避暑や避寒のために旅行するというようなことも古くからありました。しかし大衆が生産労働から一定期間離れて余暇として旅行を楽しむということはまったく近代的な営みです。産業革命によってはじめて、「都市の工場に人間が集められ、定められた時間を共同で働く」という社会が生まれ、このことが二つの条件を提供したからです。

第一は制度化された余暇、つまり有給の休暇をもつようになったということ。そして第二は交通網の整備です。産業化の進展は、都市の向上と郊外の住宅地とを結ぶ鉄道開発とともに進みました。鉄道会社は、しばしば宅地ディヴェロッパーでもあり、都心と郊外を結んで沿線の宅地開発もおこなうと同時に、さらに路線を田園地帯や海岸地区に延伸して、そこを観光開発したのです。制度化された余暇を得た工業社会の労働者大衆は、郊外に供給された住宅に住み、平日は上り列車で都心の工場へ通勤する一方で、休日は下り列車で観光地へと繰り出すという生活様式を手に入れたわけです。

逆にいうと近代的な意味でのツーリズムは工業社会を前提にしています。そこではツーリズムの主流は、いわゆるマス・ツーリズムです。大勢の乗客を乗せる交通機関で、大勢の客を収容できる宿泊施設と食事施設が用意されている同じ観光地へと、大勢の人が同じように連れていかれる。旅行客に提供されているのは画一的な「非日常」です。そもそも「非日常」――「ハレとケ」のハレ――が極端に貴重であった時代からの離陸《テイクオフ》の局面では、たとえその中身がどれほど画一的であったとしても、日常からの離脱に容易に(大勢の人と同じように)手が届くということ自体に満足があったわけです。

ツーリズムの終焉

ここまでこの講義を聴いてこられた方なら、すでにピンときていると思いますが、これは要するに旅行におけるフォーディズムなんですね。飲みたいときに飲みたいだけワインが飲めるということそのものが達成だったあの時代です。とすればフォーディズムからポスト・フォーディズムへの社会経済体制全体の転換にともなってツーリズムもやはり変わるはずです。

そもそもツーリズムにおいて、人はなにをしているのでしょうか。イギリスの社会学者であるジョン・アーリは、ツーリズムの本質にあるのは「まなざし」、つまり「見ること」であるといっています。たしかに「観光」には「観《み》る」という字が入っていますし、英語では「サイトシーイング〈sight-seeing〉」、つまり「景色を見ること」です。

実際、フォーディズム的なライフスタイル、つまりみなが同じような郊外に住み、同じ時間に列車に乗って工場へ向かい、同じ作業を繰り返し、同じ時間の列車に乗って帰宅するという毎日のなかでは、日々目にするものは実に単調です。そのような生活において、なにかふだんは見られないものを見ることは、それだけで大きな娯楽であると同時に、日単位のまとまった時間、毎日のルーティーンから解放され、物理的に違う場所に身を置かなければ、得られにくいものでした。

しかし交通や特に通信の技術が発達すると、メディアを通じて、非日常的な光景が日常に不断に織り込まれるようになります。物理的な移動をともなわずに非日常的な光景が家庭に届けられるテレビの普及はその重要な一歩ですが、そもそもポスト・フォーディズム化は、都市から工場を消していきます。都市は生産の場ではなく、経営上の意志決定と消費の場に変わるのです。そこでは都市の景観は、それ自体が日々表情を変える広告となります。つまり日々街を歩くこと自体が日常のなかに織り込まれた非日常を経験することになるわけです。

また非日常の時間的側面にも注意しましょう。単に空間的な非日常が日常に織り込まれるだけではなく、社会が一つのリズムを共有しなくなっているのです。工場での労働は定時に全員が同じ場所に集まる必要がありますが、会議室での意志決定の大半は、実際には、同じ場所（テレビ会議）どころか同じ時間（メール稟議《りんぎ》）に集まる必要さえないものです。また家庭においても、ビデオ、携帯電話、そしてインターネットの普及によって、テレビの場合にはかろうじて残っていた生活リズムの時間的共有も解体しています。

要するに、ポスト・フォーディズム化は、生活者の視点から見ると、日常と非日常が空間的にも時間的にも溶解していく過程でもあるわけです。裏を返せば、日常と非日常との区別を前提にした（近代的／フォーディズム的な）ツーリズムは、ポスト・フォーディズムによって終焉《しゅうえん》を迎えるのです。もうすこし正確にいえば、ポスト・フォーディズムによって、日常から区別される非日常的活動としてのツーリズムはある意味では消滅するともいえますし、別の意味では（日常）生活の全域に拡散するともいえるでしょう。

飲むことで「旅する」とは？

このツーリズムの変容をワインの視点から見直してみましょう。まず指摘しておかなくてはならないのは、ワインというものが、少なくともその記号的意味のなかに「産地」の価値を含んでいる限りにおいて、ワインを飲むということは、その産地を旅するということを、ある程度含んでいるということです。

もちろんカリフォルニア・ワインを自宅のダイニングで飲むのと、実際にカリフォルニアに行くのとでは、その経験の質にはきわめておおきな隔たりがあります。私は、どれほどメディアが発達しても、どれほど技術が発達しても、実際にその場所に身をおくことでしか感じ取られえないものがあることを否定するつもりはありません。しかし、なんらかのメディアを介して感じ取られたものを、本物とはまったく無関係なニセモノであるとして、切り捨ててしまう発想にも違和感をもちます。

実際にカリフォルニアに行ったとしても、テレビで何度も見たゴールデン・ゲート・ブリッジやフィッシャーマンズ・ワーフをただ確認し（しばしばろくに見もせず記念写真だけを撮り）、食事といえば自分も含めて外国からの観光客ばかりが泊まっているホテルのレストランやファーストフード、あろうことか数日の滞在中に日本食レストランでラーメンを（まずいと文句をいいながら）食べて帰るくらいなら、テレビをきっかけに「カリフォルニアのロマネ・コンティ」の異名をとるカレラ・ジェンセン(1)を知り、興味をそそられてウェブで検索するうちにアマゾンで『ロマネ・コンティに挑む』を見つけて思わず注文し、読み進めるうちにさらに楽天でカレラ・ジェンセンを購入して味わってみるというほうが——自宅から一歩も出ていないにもかかわらず——よほどカリフォルニアを体験したことになるでしょう。前者がほとんど自己確認でできているのに対して、後者には思いがけない他者との出会いがあるからです。

もちろん広く指摘されているように、メディアの発達は、自分に都合のよい情報だけを選択的に消費することを可能にし、他者との出会いをあらかじめ排除して、むしろ自己隔離してしまう傾向を生んでいる側面があることはたしかです(2)。しかし同じ技術が、他者と出会う機会を飛躍的に拡大したことも事実なのです。

そしてまたここでいうメディアは、加工された情報の流通だけを指すのではありません。ワインというモノ自体も一つのメディアだからです。カレラ・ジェンセンならカレラ・ジェンセンを実際に手に取り、コルクをあけ、グラスに注いで眺め、香りをかぎ、そして口に含み、飲み下して、余韻を感じる。この全過程には、潜在的に実にさまざまな情報が含まれています。むろん、それを情報として受け取るには、準備が要求されます。カレラ・ワイン・カンパニーというワイナリー、その創立者のジョシュ・ジェンセンという人物の来歴、ロマネ・コンティという象徴や彼が用いた人工衛星による「テロワール」探索の意味などなどについての知識も必要ですし（最近では、これくらいのことはインターネットでかなり容易に調べられるようになりましたが）、それ以前にワインを味わうための五感が、ある程度トレーニングされていなければなりません（これには、やはり多少の手ほどきは必要です）。しかしまたそうであるがゆえに、モノ自体というメディアは、メディアの高度化による自己隔離という現代の逆説に対する解毒剤ともなりうるのです。

こう述べたうえであれば、私が「今日、ワインを飲むことは、それ自体が一つのツーリズムの形態なのです」と申し上げても、怪しむ方はおられないでしょう。ワインを飲むことは、日常に織り込まれた非日常であり、高度なメディア環境のなかで自己隔離が進む社会において他者へと通じるルートの一つ――に、なりうるものなのです。

かくしてポスト・フォーディズムは、ワインを飲むことをツーリズム化します。ひるがえってそれは、フォーディズムからポスト・フォーディズムへのツーリズム自体の変容がワインを飲むことに反映される過程であるともいえます。

本物への志向と差異への志向

ツーリズムにおけるフォーディズムからポスト・フォーディズムへの転換は、マス・ツーリズムからの脱却です。大きく二つの方向を指摘することができます。すなわち一つは差異を志向する方向、もう一つは本物を志向する方向です。すでに述べたようにマス・ツーリズムでは、大勢の人々が同じところを同じように見て回ります。非日常を経験すること自体が稀少であれば、人々はそれで満足ですが、向こう三軒両隣、どのお宅もあそこはもう行ったそこももう行ったという話になれば、もはやそれだけでは満足できません。どこかよそとはちがう場所、なにかよそとはちがう経験を求めるようになります。そこに新たに付け加わるのは、ファッションとしての旅行という次元です。つまり一方でロケーションやアクティヴィティに流行《はや》り廃りが生じ、他方でその選択にセンスが問われ、旅行がある種の自己表現になるわけです。「フィガロ」や「CREA（クレア）」のようなファッション雑誌、テレビの旅番組などは、そういったトレンドの設定にメディアが深くかかわっていることを示しています。これがツーリズムのポスト・フォーディズム化における差異志向です。

もう一つ、マス・ツーリズムにおけるさまざまな経験は、たいていのものが「観光客向け」にしつらえられたものです。マス・ツーリズムの旅行客を引き受けるためには、大規模な宿泊施設と食事施設が必要です。もとは鄙《ひな》びた景勝地も、ホテルやレストラン、それに土産物屋が立ち並べば、その本質は変わってしまうでしょう。もとはまったくなにもないところをリゾート開発したようなところについてはいうまでもありません。要するにマス・ツーリズムの観光地はニセモノとまではいわないまでも、つくりものなのです。くどいようですが、たとえつくりものであっても、まさにそのようなつくりもの自体が稀少であれば、人々はそれで満足しました。しかし、人々は次第につくりものの多様性の背後にある空虚に気がつきます。そしてポスト・フォーディズムにおけるツーリズムは「本物」を志向するようになります。代表的なものは、農家に泊まり込み、実際に農業を体験するアグリ・ツーリズムや生態系に負荷をかけないかたちで自然に触れ、環境について考えるエコ・ツーリズムといったものです。

さて、みなさんお気づきでしょうか。マス・ツーリズムから、差異を求める変化と本物を求める変化は、実は前回にお話ししたグローカルな無からグローバルな無へ向かう変化とグローカルな存在へ向かう変化とにおおむね対応しています。つまり文字通り土産物的なワインから、一方ではメディアを介してブランドとしての付加価値をもつワインへ、他方で伝統や自然に訴えモノの個性で勝負しようとするワインへ、という変化です。いわれてみればパーカーのワインガイドや「ワイン・スペクテーター」誌と首っ引きで流行りのワインを追いかける消費者とファッション雑誌の旅行特集で最先端のロケーションやアクティヴィティを追いかける消費者とは単に似ているだけではなく、しばしば同じ人物だったりします。またワインの「テロワール」にこだわる人とアグリ・ツーリズムやエコ・ツーリズムに魅力を感じる人との間の親和性も高そうです。裏返していえば、ワインをブランドで飲む人は、ファッションとしての旅行の延長でワインを飲んでいるのであり、ワインにテロワールを見出そうとする人は、アグリ・ツーリズムやエコ・ツーリズムに参加する感性でワインを飲んでいるのです。

とすれば、気になるのは、前回のお話で出た、さらにグロースバルな存在へ向かう変化です。理屈から考えれば、そこでは差異への志向と本物への志向が高次に両立しているはずです。

差異への志向は、言い換えれば他者からの承認を求める志向です。同じく本物への志向は、他者を承認しようとする志向です。それぞれが単独ならば、差異を志向するときに承認する側として想定されている「他者」と本物を志向するときに承認される側として想定されている「他者」とは一致しません。逆に「高次の両立」とは、この二つの「他者」が一致するということです。つまり私が「本物」だと認めるまさにこの「他者」が、私を認めるということが、私という存在の自己表現の実現であるというような関係が、直接的であれ間接的であれ、相互に成り立つとき、ツーリズムのポスト・フォーディズム化は、グロースバルな存在を実現しているのです（図9参照）。

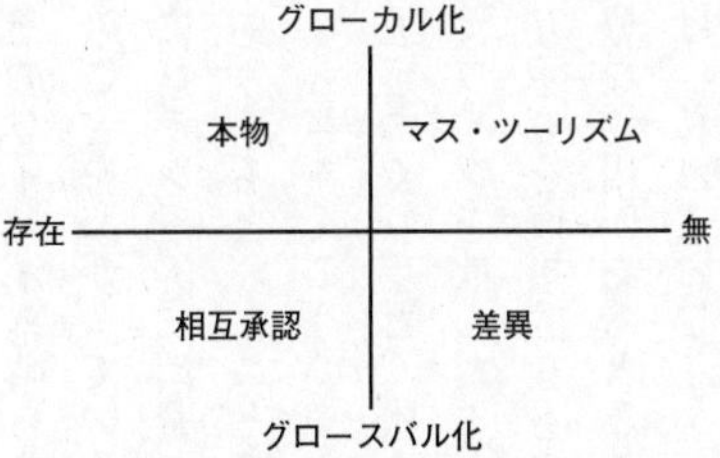

図9　グローバリゼーションにともなうツーリズムの進化

価値の共有としての相互承認

このことをワインに差し戻して考えると、一つの示唆が与えられます。前回の議論では、グロースバルな存在としてのワインが、あたかもモノ自体として完結しているかのように——だれがどう飲もうがグロースバルな存在はグロースバルな存在だ——お話ししてきました。しかし、実際には、どれほどモノ自体としての個性がしっかりとしていて、かつその個性に普遍性があっても、飲み手とつくり手のあいだに相互の承認、つまりお互いにそのワインが素晴らしい個性をもっていることをわかっており、かつまたお互いにそのことをわかっているということもお互いにわかっているという条件がなければ、単にブランド的に消費されることもありえますし、逆に生産者の独善でしかない場合もありうるということです。

もちろんこういったからといって、私は、およそ本気でワインを飲むなら、これと思うつくり手と、腹を割り、心を開いて互いに理解し合って飲むのでなければ、本当にワインを飲んだことにはならないなどといっているのではありません。たしかに相互承認を直接的なものに限定すれば、そのような暑苦しい関係しか残りませんが、十分な信用があるところでは相互承認は間接的にも成り立つからです。つまり、飲み手は「私はこのワインがすばらしい個性をもっているワインだとわかって飲んでいるし、つくり手もきっと私のような飲み手が飲むことを歓迎するだろう」と信じ、つくり手は「私がつくっているこのワインの個性は、きっとその素晴らしさを理解してくれる飲み手に出会うだろう」と信じることができているならば、そこにグロースバルな存在を成立させる相互承認の条件はあるということです。むしろ直接的な相互承認しかないところでは、グローカルな存在からグロースバルな存在への脱皮はほとんど望めません。

この間接的な相互承認をシンプルにいえば、飲み手とつくり手のあいだの価値の共有ということになるだろうと思います。重要なことは、この価値の共有においては、つくり手が発信者で飲み手が受信者と一方向的な関係ではなく、飲み手は単にワインを味わう受信者ではなく、そこに個性を見出すことを通じて自己表現する発信者でもあり、またつくり手は一方的にワインによって個性を表現する発信者ではなく、飲み手による解釈に開かれ、それをフィードバックするという点で受信者としてもアクティヴだからです。

私は、こういった生産者と消費者とのあいだの価値の共有が、ワインにとってだけ特別に大切なことだと考えているわけでもありません。この講義のなかで繰り返し触れてきましたが、グローバリゼーションによって、私の生活をとりまくモノの多くは、その来歴の見えにくいものになってしまいました。そのあげくにさまざまな偽装や汚染が蔓延《まんえん》していることは指摘するまでもないでしょう。

もちろんこうしたことは多くの人が気がついていることでもあります。だから、QRコードを携帯電話のカメラで撮れば、目の前のパックに入った牛肉のもとの牛の個体識別ができたり、スーパーの野菜にそれをつくった農家のご夫妻の顔写真が張りつけられたり、食品だけではなくさまざまなモノに適正な流通を保証する認証制度がつくられたりといった対策が講じられているのでしょう。そういったさまざまな対策は、もちろんないよりはあったほうがいいのでしょう。実際に効果を上げているものも少なくないでしょう。ただ、そういった制度や工夫が効果的であるためには、その前提として、やはりグローバリゼーションによって延びきった生産の現場と消費の現場とのあいだに、間接的な相互承認というかたちの価値の共有が必要であるように私には思われます。

この点、ワインは、比較的そういった仕掛けがしやすいモノだとはいえるかもしれません。それは表現や解釈といった営みが歴史に深く根を下ろしたモノだからです。それがワインにつきまとうスノビズムの源泉でもあることを認めても、私は、そのモノにかかわる人々が、発信者（表現する者）であると同時に受信者（解釈する者）でもあるという、このワインのモデルが、ほかのモノにも拡大して適用されることは良いことだと思います。グローバリゼーションによって不透明になった生産者と消費者とのあいだの関係を安定化する、さまざまな制度的・技術的工夫の前提となる信用の厚みを増すからです。実際、「野菜のソムリエ」や「枕のソムリエ」といったさまざまなモノについての「ソムリエ」が現れているのは、価値の共有の前提にあるワインのモデルの有効性に社会が無意識に気がついているからではないでしょうか。

ワイン・ツーリズム

最後に、ツーリズムとワインといえば、ワイナリーやワイン産地を訪れる、いわゆるワイン・ツーリズムにも言及しておかねばならないでしょう。現におこなわれているワイン・ツーリズムは、先の図9のすべての象限にまたがっています。

たとえばパッケージツアーのオプションとして、マイクロバスでいくつかのワイナリーを訪れて、簡単な説明と試飲をするといったものはマス・ツーリズムの範疇でしょうし、ほとんど自家消費か地場の市場にしか出回らないようなワインをつくっているワイン農家に泊まり込むような、アグリ・ツーリズム的なワイン・ツーリズムもあります。また単にワイナリーを見て回るというより、星付きのホテルやレストランを併設した高級シャトーを訪れる旅行や、ヴィノテラピー・スパといって、ワインやブドウを用いたエステなどの施術が受けられるような施設を訪れる旅行は、差異志向の象限に入るといっていいでしょう。ですから、ワイナリー訪問が、ここで論じてきた価値の共有に自動的に結びつくわけではありません。

とはいえ、ブドウ畑の現場を知り、ワインがつくられる工程を知ることは楽しいことです。そしてそれらは、飲み手の解釈の水準を上げることに寄与するでしょう。多くの観光客にとってはワインの試飲こそがお楽しみでしょうけれど、ホスト側にとっては、そこで得る直販の利益もさることながら、飲み手の生の声を得る貴重な機会ももたらされます。価値の共有を高めるにあたって、物理的対面、直接的相互承認は必要ではありませんが、ワイナリー及びワイン産地の場所としての魅力が、つくり手と飲み手がともに立ち会う場においてモノと接する機会をつくりだすことは有益であるといえるでしょう。

第十三講　ワインの希望

再帰性の高まり

さて、この講義も今回が実質的な最終回です。もう一度この最初から講義の流れを確認してみましょう。第一部「ワインのグローバル・ヒストリー」では、ワインにおける「新世界」と「旧世界」という概念をとっかかりとして、大きく三つのことを論じました。

第一に、ワインにおけるヨーロッパという単位は歴史的に構築されたものであるということ。ワインにおける「旧世界」と「新世界」は、歴史的にいえば、前者が近世までに構築された「ヨーロッパ」のワイン産地、後者が近世にヨーロッパ人が定住移民した地域におけるワイン産地のことを指しています。したがってワインにおけるヨーロッパの構築と、ワインの世界における「旧世界」と「新世界」との区別の起源とは、実質的に重なり合っています。

第二に、ワインにおけるヨーロッパの構築は、なにか一元的な本質に基礎を置くのではなく、むしろ強さを志向する地中海的要素と差異を志向するアルプス以北的要素とがからみ合うかたちで形成されたということ。ワインの世界における近代は、この二つの要素が、しだいに具体的な地理的文脈というよりもむしろ抽象的な志向性へと変化していく局面であるともいえます。

第三に、ワインの世界は、一九世紀後半から急速に再帰性が強化されてきたということ。ワインは、もともと人間と自然、あるいは社会のシステムと自然のシステムとの相互作用のなかで進化してきたものですが、この時期以降、再帰性の高まりによって、ワイン生産の質と量を制御する人間の力が急速に高まりました。それにともなって、自然のシステムよりも、むしろ社会のシステムの側の条件にワインが左右される度合いも大きくなりました。

しかし、再帰性の高まりは、青天井にワインに対する人間の制御を強めていくわけではありません。きわめて大雑把にいえば、一九世紀の後半から今日にいたる「長い二〇世紀」は、前半においてはワインに対する人間の制御が強められていく過程でしたが、後半、特に一九七〇年代以降、今度は再帰性の高まりによって生ずる、意図せざる帰結が増殖する過程に入りました。

ワインの情報化とテロワール主義

第二部「ワインとグローバリゼーション」では、その転換を、まずフォーディズムからポスト・フォーディズムへの転換としてとらえ、一九七六年のパリ試飲会事件にその象徴的な転換点を見出しました。ワインにおけるフォーディズムは、年ごとの作柄や産地による条件の違いによってつきまとう生産量の不安定を克服する方向に進んできました。しかしその結果として、より多く、より安くつくれば売れるという前提は失われました。安価な日用品から順に、より外縁的な産地（「新世界」）へと移転が進み、伝統産地ほど高付加価値品に特化しなければ、生き残りにくくなりました。産地の拡大と品種の収斂という今日に至るトレンドは、この転換を背景に起こっています。

しかも、生産コストにすぐれる新興産地と高付加価値品に特化する伝統産地という対比は、急速に崩れてきました。というのも、再帰性の高まりは、一方で地理的な条件の違いを超える技術を発達させ、他方で付加価値の比重を記号に移したからです。要するに、伝統産地に限らず、もっと広い地域で高品質なワインが生産できるようになった結果として、単にモノとして高品質であるだけでは売れなくなり、なんらかのプラスアルファによって消費者の欲望を喚起する仕掛けが必要になったのです。いわばワインが情報化したわけです。ロバート・パーカーの「ワイン・アドヴォケイト」と彼がそこで始めた一〇〇点満点法によるワイン評価は、ポスト・フォーディズム化にともなう情報化にきわめてうまく乗ったともいえますし、またそれを推進したともいえるでしょう。

このパーカーの成功に象徴されるワインの情報化は、しばしばワインの記号化へと短絡されます。つまり一方で、モノ自体としてのワインは、(「パーカーの好み」に合わせて)画一化が進み、他方でそれらの似たようなワインが、メディアによってつくられたイメージ(記号)上の差異によって消費者の欲望と結びつけられ、売られていく、という図式です。これは、グローバリゼーションが文化を貧しくするというときに繰り返される、ほとんど定型的な批判です。

こういった定型的批判は、定型的に多様性の擁護を唱えます。そしてワインの世界においては、それはテロワール主義というかたちをとります。テロワール主義は、個々の産地の個性がよく表現されていることが良いワインの条件であると主張します。この主張自体に反対する人はほとんどいません。しかし、この主張はワインがつくられる現場の水準で考えると、特に技術ということに関して、問題に行き当たります。テロワール主義者は、たとえば化学肥料の使用や微酸化処理のような技法は産地の個性を消してしまうので好ましくないと批判します。しかし技術一般を否定するわけではもちろんありません。産地の個性をよく表現する方向の技術は肯定します。しかし、その「産地の個性」なるものは、自然のまま手つかずの「産地」の多様性のことではありません。それ自体、人間が自然に介入して構築したものです。「産地の個性」が所与ではないのだとすると、それを「表現」する技術とそれを「消去」する技術の線引きは、どこを基準にとるかで大きく変わってしまいます。

この基準のあいまいさのおかげで、実際には、パーカーを批判する側とされる側のどちら側かに属する（とされている）生産者も、自らのワインを「テロワール」を尊重したワインだと主張してやみません。結局のところ、どの生産者も、特定の産地において、与えられた条件のなかでできるだけおいしくなるように、自ら良いと思うかたちの技術的介入をおこなうことでワインをつくっているのですから、「テロワール」なる言葉が純粋に場所の違いという以上の固定的な本質をもたないのであれば、少なくとも善意の技術的介入は、なんであれ「テロワールの表現」と認めうることになるのです。逆にいえば、モノ自体としては、いずれも、なんらかの仕方で、自然に対して技術的介入が施されている以上、「テロワール」という言葉もまた、そのような技術的介入になんらかの意味を付与する、記号的な付加価値でしかないともいえます。その点では、「テロワール」というレトリックもまた、テロワール主義者がしばしば批判するメディアによるワインの記号化（パーカーが何点をつけたとか、だれそれというスター生産者がプロデュースしているとか）と本質的に変わりません。極端にカリカチュアしていえば、それは「パーカーの好み」に合わせて管理された技術的過剰に導くワインづくりと「テロワール」感を出すために管理された技術的欠落に導くワインづくりとの違いでしかないのです。

ワインの世界におけるグローバリゼーションを語る言説は、しばしば「パーカー」と「テロワール」を対置し、画一性と多様性、作為と自然、果ては資本の論理と職人の倫理といった貧しい対立の構図に陥ってしまいがちです。しかし実際のところ、その対立は、同じように現実から遊離した双子のイデオロギーだというべきでしょう。

テロワール概念の有効性

では、ワインを通じてグローバリゼーションを考えるうえで「テロワール」という言葉に意味はないのでしょうか。第二部の最後ではこの問題について論じました。私は「テロワール」という言葉には意味があると考えています。ただ、その意味を理解するには、「パーカー」との対置によって閉じられた「テロワール」理解を破らなければなりません。というのも、パーカーないしはパーカーリゼーション批判に還元された、イデオロギーとしての「テロワール」の発想は、二重に閉じた言説だからです。すなわち、その言説はまず（自然と対置される意味で）「文化」に閉じた言説であり、さらにその「文化」のなかで（他者に対置される意味で）「自己」に閉じた発想に陥っているからです。

イデオロギーとしての「テロワール」概念は、しばしば「伝統」に訴えます。それには二つの効果があります。一つは、第五講で論じたように、伝統は再帰性の昂進に対する歯止めになるということです。もう一つは、伝統が人為を自然に解消して理解する枠組みとなるということです。再帰性とは他者の視点で自己を見るということでもあります。したがって、逆にいえば、伝統に訴えることは他者を捨象するということでもあります。また伝統は、起源のあいまいさによって、人為と自然の区別をぼかし、実際には人間がつくり上げてきたものを「自然」へと神秘化する一方、そのように神秘化された「自然」に人間の営みを囲い込むことで、リアルな自然への視線を閉ざします。

つまりイデオロギーとしての「テロワール」概念は、額面の主張としては、多様性を尊重するものであるにもかかわらず、その実際の効果としては、他者と自然の双方から ワインを自己隔離してしまうのです。結果として、一方では、「テロワール」の名のもとに、外向きには自己の押し付け、内向きには自己満足でしかない飲み手不在のワインがつくられ、他方では、「テロワール」は、（リアルなモノとしての多様性ではなく）単なる産地ブランドの言い換えでしかなくなってしまうという事態に陥る危険があるのです。二つの傾向が複合して、「テロワールを尊重しているスタイル」を演出した作風によってつくり手としての自己のブランドにするようなケースさえ見られます。もちろん、そうであったとしても、つくられるワインがおいしいのならば、そのワイン自体まで否定する必要はありません。ただ、「テロワール」という言葉が単にマーケティング用の記号でしかなくなってしまっていることに気がつかないふりをして、「テロワール」を根拠にパーカー／パーカーリゼーションを批判するのは自己欺瞞です。

自己と文化に閉じることの反対は、他者と自然に対して開かれることです。テロワールのリアリティは、まずそれが社会のシステムと自然のシステムのあいだで構築されるものだということを起点に据える必要があります。そこでは、社会のシステムを構成している人間だけが一方的に能動的であったり、逆に自然のシステムを構成するモノだけが一方的に能動的であったりということはありません。一方で畑は、人間による働きかけを受ける客体でありながら、人間に働きかける主体でもあり、他方で人間は、畑に働きかける主体でありながら、畑に働きかけられる客体でもあります。テロワールは、このような人間と環境の対称的な関係の相互作用のなかで、常につくりだされ、つくりなおされるものです。

対立から価値の共有へ

イデオロギーとしてのテロワール主義は、ワインのパーカーリゼーションを、特定の人間の好みへワインの多様性を従属させてしまう帝国主義だとして批判します。いわばそれは「畑との対話なしに、ワインを変える」ことだというわけです。イデオロギーとしてのテロワール主義はこれに対して、その逆、つまり「畑と対話して、ワインを変えない」ことを主張しているようです。しかし、テロワールのリアリティはそのいずれとも異なります。それは「畑との対話のなかで、ワインが変わる」ことなのです。

第三部では、グローバリゼーションのなかでこの「ワインが変わる」ということを、消費者の視点から論じてきました。第十講と第十一講では、ジョージ・リッツァの『マクドナルド化する社会』と『無のグローバル化』の議論を参考にして、ワインにおけるグローバリズムとテロワール主義の対立構図が、無のグロースバル化と存在のグローカル化との対立構図に重なり合うことを指摘しました。資本とメディアの結託による画一的なワインの押し付けようとする力と伝統や自然を重んじてワインの多様性を擁護しようとする力とのあいだの対立というこの構図が、「パーカー対テロワール」の構図と同様にイデオロギー的であることは、第二部でも論じたとおりです。リッツァの概念的分析が有益なのは、このイデオロギー的な対立の背後にグローバリゼーションのリアリティとして、一方ではグローカルな無の増殖が起こっており、他方ではグロースバルな存在の可能性が開いていることを示唆しているところです。グローバリゼーションによる交通の拡大と深化は、さまざまな新しい掛け合わせを生み出します。その多くは明確な固有性もなければ、普遍性もないものではありますが、一部はグロースバルな無へと成長し、別の一部はグローカルな存在へと深められて、いずれもがグロースバルな存在へと達する可能性に開かれているのです。

このグロースバルな存在が実現する鍵は、生産者と消費者、発信者と受信者のあいだの価値の共有でした。第十二講では、グローバリゼーションにともなう移動性の増大を、モノの移動だけではなくヒトの移動にも拡張して、この価値の共有のかたちについて考えました。他者との出会いという点では、モノの移動とヒトの移動とのあいだの差異は相対的なものだからです。その意味では、ワインを飲むということは、ヴァーチャルなツーリズムの一つの形態でもあるわけです。

ツーリズムの文脈に置きなおすと、グローバリズムとテロワール主義の対立構図は、他者からの承認を求める「差異」志向のツーリズムと、逆に他者を承認しようとする

「本物」志向のツーリズムとの対比として捉えかえされます、両者はいずれも交通の拡大の結果として底辺に広がったマス・ツーリズムからの脱皮の過程にあらわれる形態でもあります。そしてリッツァの図式でいうところのグロースバルな存在は、この「差異」を求める志向と「本物」を求める志向の両立によって実現します。つまり他者を承認することと他者に承認されることのあいだの一致、すなわち相互承認を通じての価値の共有です。

もちろんここでいう相互承認が、生産者と消費者との直接的な出会いを通じて実現することはきわめて稀といわざるをえないでしょう。ほとんどのケースではそれは、モノがもつ発信力を通じて、間接的に実現されるものです。したがって誤解や理解のズレといったものが混入することも避けられないでしょう。しかし、それも含めて、一方でモノがもつ発信力を高め、他方でモノからの受信力を高めることがワインの世界における価値の共有の厚みを増すことにはつながるでしょう。そしてその分だけ、グローバリズムとテロワール主義の不毛なイデオロギー対立に振り回されずにすむのです。

価値の厚みによる恩恵

私は、この価値の共有の厚みという視点を、グローバリズムかテロワール主義かといった従来的な価値判断の尺度に変わる、より実質的な基準に据えたいと思います。この視点に立って、再度、この講義の全体を振り返ると、表1、2のようにまとめることができます。

表1　価値の共有が厚いとき

	他者志向　⇨⇦自己志向	
モノとしてのワイン	質の安定	多様化
記号としてのワイン	ブランドの確立	文化の保護

表2　価値の共有が薄いとき

	他者志向　⇦⇨自己志向	
モノとしてのワイン	画一化	煩雑化
記号としてのワイン	流行化・投機化	既得権の維持

二つの表はいずれも、グローバリゼーションによって引き起こされる変化をそれが起こる次元とそれが起こる方向によって四つの局面に分けたものです。変化の次元は、この講義で繰り返し指摘してきたモノと記号のちがいを指しています。変化の方向には、やはりこの講義で繰り返し指摘したものですが、さしあたり他者志向と自己志向というラベルを貼っておきました。このラベルの下には、それぞれ他者によって承認されることと、他者を承認すること、普遍性を志向することと個別性を志向すること、差異に訴えることと真正性（本物であること）に訴えること、さらには市場志向と反市場志向といったさまざまな対比が重なり合います。

他者志向の変化は、モノとしてのワインには均質化をもたらします。それ自体は善でも悪でもありません。ただ価値の共有が厚いところでは、それは質の安定として歓迎されるでしょうが、価値の共有の薄いところでは、画一化として非難する人が出てくるでしょう。同じく他者志向の変化は、記号としてのワインには広い範囲に価値を認められた差異を与えます。価値の共有が厚いところでは、それはブランドの確立としてある種の安心を提供します（たとえば、このシチュエーションにはこのワインといった選び方が容易になります）。しかし価値の共有の薄いところでは、そこで差異に認められた価値は変動しやすく、そのようなワインは一過性のブームで消費しつくされ、商機をうまく乗りこなした一部の者にだけ投機的な利益をもたらして終わってしまいます。

自己志向の変化は、モノとしてのワインに新たな掛け合わせをもたらします。やはりそれ自体は善でも悪でもありません。ただ価値の共有の厚いところでは、それはワインの多様なおいしさを拡大しますが、価値の共有が薄いところでは、ワインが複雑になりすぎて、消費者は、自分がなにを欲しているのかがわかりにくくなります。また自己志向の変化は、記号としてのワインには、個別性の強化をもたらします。それは、価値の共有の厚いところでは、ワインにおける文化の保護に役立ちますが、価値の共有の薄いところでは、単に既得権――たとえば、特定の「伝統」的な産地の呼称を規制によって独占しているといったような――の維持にしかつながらないことになりがちです。

注意していただきたいのは、二つの表の縦の列（他者志向と自己志向の列）は、完全には独立ではないということです。すでに述べたとおり、「価値の共有」とは、他者に承認されること（他者志向）と他者を承認すること（自己志向）の両立の度合いを指します。したがって表1では、縦の列を分ける壁は低く、モノの次元においても記号の次元においても両者が調和しやすいのに対して、表2では、縦の列を分ける壁は高く、モノの次元においても記号の次元においても両者は矛盾する傾向をもつということです。

二つの表が示しているのは、モノと記号のどちらが重要かとか、他者志向と自己志向のいずれが優先されるべきかとか、まして二つの軸を掛け合わせた四つのボックスの変化のうち、どの変化が最も尊重されるべきかといったようなイデオロギー的な選択が、ワインの世界のグローバリゼーションを評価するうえで本質的な意味をもたないということです。さきの表の四つのボックスは、グローバリゼーションにともなっていずれもが――均等にではありませんが――活性化されるものです。真に重要なことは、価値の共有がないところでは、四つのボックスのいずれの変化のフロントにおいても、その帰結は好ましからざるものになり、価値の共有が厚いところでは、人々はグローバリゼーションの恩恵をこうむるということなのです。

ワインの希望

さて長らく続いたこの講義も、そろそろ終わりの時間がきたようです。本書のテーマであるグローバリゼーションは、対象としてきわめておおきい時空にかかわり、理論としてかなり抽象度の高い議論を含む現象です。しかしワインという鏡に映すことで、そのおおきな時空が俯瞰され、抽象的な構造もある程度可視化されたのではないかと思います。テーマを見失わないように、個別のワインに関する細かい説明は可能な限り避けてお話しさせていただきましたが、この講義がグローバリゼーションを映す鏡としたワインは、決して抽象的・一般的な「ザ・ワイン」ではありません。議論のそれぞれの個所で、かならず具体的なアイテムを、そしてそのモノとしての味わいや記号としての意味づけを、少なくとも背後では念頭におきながらお話ししてきました。

ヨーロッパを相対化し、再帰性の帰結を理論化し、グローバリズムとテロワール主義の二項対立を脱構築した果てに、この講義がたどりついたメッセージは、「価値の共有」という一般論としてはささやかな額面の指針です。その具体的な実践の例（社会的企業としてのワイナリーなど）についても、もうすこし踏み込んで議論したかったのですが、この講義の枠には残念ながら収めきれませんでした。私が願うのは、この講義をお聴きになったみなさんが、今後ワインを飲まれるとき（あるいは本講義で論じてきたような次元でグローバリゼーションを意識したなんらかの消費活動において）、目の前にある具体的なボトル、具体的なグラスを介して、たとえすこしでも能動的に「価値の共有」へ向かって動き出しやすく、あるいは想像力を働かせやすくなることに尽きます。その意味で、この講義によって、ワインの幸せに新しい光があたり、よりおいしく、より楽しく、（そしてすこしだけ理性的に）ワインを飲むきっかけとなれば、講師としてこれに勝る喜びはありません。最後まで熱心に聴いてくださり、本当にありがとうございました。またどこかでお会いしましょう。

九年後の補講　文庫版のための新章

グローバリゼーションをワインという鏡に

みなさん、お久しぶりです。「ワインで考えるグローバリゼーション」の講義をおこなってから、はやいもので九年の月日が経ってしまいました。あらためて九年前の講義を振り返ってみると、ロバート・パーカーがボルドー・プリムールの評価から引退してしまったり、話のなかで言及したお店がすでに閉店になっていたり、最近のコンビニのレジからは客層ボタンが消えてしまっていたり、話の前提となる事実のいくつかに、変化が生じていることに気づかされます。私も白髪が増えました。

他方で、九年前の講義で私が暫定的ながらも出した結論——「一方でモノがもつ発信力を高め、他方でモノからの受信力を高めること」で「ワインの世界における価値の共有の厚みを増す」ことが大切だという主張——は、いまでも有効、もっといえば今日ますます有効だと考えています。少々口幅ったいいい方になりますが、それはワインがグローバリゼーションの鏡となるというこの講義を最初に思いついたときの直感が正しかったからだと思います。

もともとこの講義の前提として私は、グローバリゼーションはさまざまなスパンの長期的な社会変容の積み重ねだという見方をとっていました。それは眼前の目立つ変化を何でも「グローバリゼーション」で解釈して思考停止に陥らないための思考の枠組みのようなものでした。その見方からすれば、たかだか十年足らずの時間で、グローバリゼーションが引き起こすそのような深い次元の社会的変化に関する評価がコロコロ変わるほうがおかしいといえばおかしいのですが、他方でそうした短期的なスパンにおける変化が何の意味ももたないわけではありません。

なんといっても私たちがこの十年足らずのあいだに見てきたものは、この講義が九年前におこなわれたときには未来だったわけです。そこで採られた長期的なパースペクティブは未来についていくつかの変数の重要性に光を当てることはできても、未来の社会そのものについては確定的なことはほとんど何もいえません。無理やり未来像を描いたとしても、不鮮明でゆがみのある像にしかならないでしょう（実際、講義ではあえてそこには踏み込みませんでした）。しかし、過去にとっての未来がつぎつぎと現在として現実にかたちをとって到来することで、いわば過去においては不鮮明でゆがんだ像しか結ぶことのできなかった長期的なパースペクティブの諸変数が実際にどのような値をとるかがわかり、それがわかることで、そうした変数の意味もよりよくわかるようになるとはいえるでしょう。

最初に述べたように九年前のこの講義は、「モノ」の視点を重要な変数として切り出してきました。ですが、その意味はごく抽象的にしか提示することができませんでした。しかし、この十年足らずのあいだの社会の変化は、より具体的なかたちで「モノ」の視点の重要性の意味をあきらかにしたように思われます。たとえば九年前、私はグローバリゼーションのダイナミズムの一つとしての情報化を、主にワインの記号化の側面のほうでその意味を論じていましたが、いわゆるIoT（モノのインターネット）やAIの発達による社会の変容を踏まえて、今日から振り返れば、むしろ「モノ」の視点のほうから論ずるほうがふさわしいかもしれません。しかも、このあとこの補講で触れるつもりですが、そのときの「モノ」の視点は、記号としてのワインと単純に対置して捉えられるようなモノとしてのワインよりも深い次元から、モノとしてのワインを考えなおさせる意味をもつように思います。

そのようなわけで、今回は、九年後の補講として、二〇〇〇年代の終わりからこの十年ほどのあいだのワインの世界の動向を概観したうえで、もう一度グローバリゼーションをワインという鏡に映して考えなおし、「一方でモノがもつ発信力を高め、他方でモノからの受信力を高めること」の意味をもうすこしだけ掘り下げてみたいと思います。

書き換えられるワインの世界地図

さて、ワインの世界のこの十年を振り返ったとき、そのグローバルな構図が指し示しているベクトルは、基本的に九年前の講義の時点から変わっていません。

二〇一八年春のＯＩＶ（世界ブドウ・ワイン機構）の報告によると、世界全体でのワイン生産量は、今世紀に入ってから二億五〇〇〇万ヘクトリットルから三億ヘクトリットルのあいだで推移しています（二〇一七年の大幅な減少はヨーロッパの天候不順による不作が主たる要因です）。対応する世界全体のワイン消費量をみると、二〇〇八年までは、ヨーロッパ以外の新興国における消費の伸びに後押しされて増加を続けていましたが、二〇〇八年の金融危機を境にピーク・アウトし、その後は安定した推移となっています。西欧諸国を中心とした伝統的なワイン消費国の消費量が減少し続けている一方で、アメリカや中国における消費の増加がそれを補っている状況自体は、この間、基本的に変わっていません。新興国における消費の伸びしろへの期待が世界のワイン業界のムードを支えています（図10、11参照）。

この基本的構図は国別に消費と生産の推移を見て確認できます。二〇一一年以来、世界最大のワイン消費国の座はアメリカが占め続けています。二〇一七年は前年度に

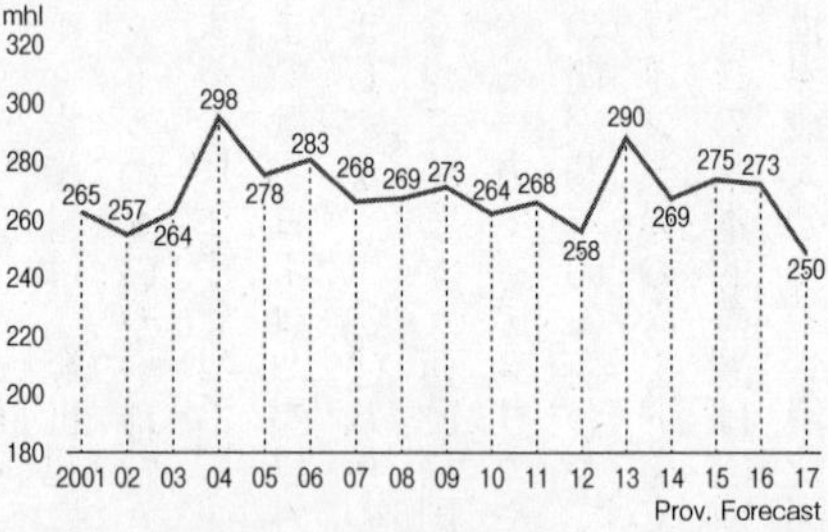

図10　世界全体のワイン生産量

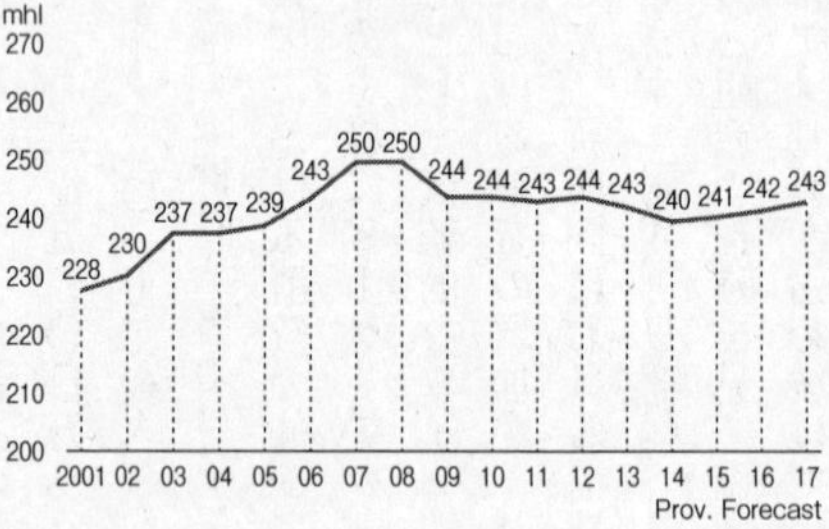

図11　世界全体のワイン消費量

くらべてさらに三%ほど伸びる見通しで、アメリカ一国で三二六〇万ヘクトリットルの消費量に達します。それまで長らくトップを占めていたフランスの減少傾向が続いており、そのフランスと消費量を争っていたイタリアでも消費の縮小が進んでいるため、当面この傾向は変わらないでしょう。

国別消費の二位グループには、フランス、イタリア、そして近年比較的ワイン消費の堅調なドイツといった伝統的なワイン消費国が並びますが、五位に続くのは中国です。これら欧州の三大消費国と中国の差は縮まる一方で、フランスが世界最大のワイン消費国だった最後の年である二〇一〇年には、フランスが二九四〇万ヘクトリットル、イタリアが二四五〇万ヘクトリットルであったのに対して、中国は一四三〇万ヘクトリットルで、まだ一〇〇〇〜一五〇〇万ヘクトリットル以上の差がありましたが、二〇一七年の予測値では、フランスが二七〇〇万ヘクトリットル、イタリアが二二六〇万ヘクトリットルにそれぞれ縮小し、ドイツがおよそ二〇〇〇万ヘクトリットルの水準を維持しているのに対して、中国は一七九〇万ヘクトリットルにまで消費量を増大させています。メディアが騒ぐほどの勢いではないという見方もできますが、中国のワイン市場の拡大傾向自体は否定しようがありません。逆にいえば、そのリアルなインパクトはまだこれからやってくるといってもいいでしょう。

生産の側からみると、二〇〇九年の世界の国別ワイン生産量は、一位から順に（カッコ内は生産量（百万ヘクトリットル））、イタリア（四七・三）、フランス（四六・三）、スペイン（三五・二）、アメリカ（二二・〇）、中国（一二・八）、アルゼンチン（一二・一）、オーストラリア（一一・七）、チリ（一〇・一）、南アフリカ（一〇・〇）、ドイツ

（九・二）がトップ一〇でした。

これに対して、二〇一八年の春のＯＩＶが発表した二〇一七年の予測値ではやはり一位から順に、イタリア（四二・五）、フランス（三六・七）、スペイン（三二・一）、アメリカ（二三・三）、オーストラリア（一三・七）、アルゼンチン（一一・八）、中国（一〇・八）、南アフリカ（一〇・八）、チリ（九・五）、ドイツ（七・七）がトップ一〇となっています。長らく圧倒的なワイン生産大国であったフランスとイタリアの生産量の減少傾向は確実に進んでおり、二〇一七年は天候不良があったとはいえ、フランスのワイン生産が四〇〇〇万ヘクトリットルを大幅に割り込んだのはなかなかショッキングな数字です。

もっとも、ご覧のとおり、トップ一〇カ国の顔ぶれ自体は変わっていません。いわばワイン大国としてのアメリカや中国の台頭自体は、すでに今世紀はじめには織り込まれた趨勢であり、特に目新しい話ではないともいえます。さかのぼれば、それはワインにおける「旧世界」の退潮と「新世界」の勃興の延長線上にあると解釈されたい向きもあるかもしれません。ですが、九年前の講義で、私はワインにおける「旧世界」と「新世界」の対比が、「重層的なグローバリゼーションの過程に切れ目を入れる一つの見方」であって、その切れ目の入れ方が、（一九世紀以降の）近代に確立されたワインのかたちを、一つの文明的な実体としてまさに近代に創造された「ヨーロッパ」に強く結びつけて理解するもので、長期的なワインの歴史——そしてワインの未来——に照らすと、かなり偏った見方に由来するものであることを指摘しました。

「新しい新世界」の勃興

そのとき私が強調したのは、私が「新しい新世界」の出現とよぶワイン生産地図の変化でした。この「新しい新世界」という言葉づかいには、これまでワインづくりの伝統が全くないところにさらに新しい産地のフロンティアがあることを示唆するニュアンスがあります。たとえばタイやスウェーデンのような国における新しいワイナリー設立のニュースが、私の念頭にあったのもたしかです。しかし、より本質的に私が意図していたのは、「旧世界」と「新世界」の対比を横切るようなかたちで現れてきているさまざまな新しい産地の存在でした。

たとえば、歴史学的には旧世界に属し、ワインの歴史からいってもむしろ起源に近いところにあるジョージア（グルジア）のような国で、世界中を飛び回る醸造コンサルタントのプロデュースで輸出市場を目指すワイナリーが現れることや、それこそ中国——中国の西域は古代においてワイン文化圏でした——が、いまやボルドーやブルゴーニュの高級ワインの市場動向に影響を与えるワイン消費大国であるだけではなく、ワイン生産においても大国になりつつあること、あるいは逆に、オーストラリアやニュージーランド、オレゴンや南アフリカといった「新世界」の産地に、フランスやイタリア、スペインといった「旧世界」の老舗生産者が陸続とワイナリーを開いていることや、もっといえば、いまやチリで成功したワイナリー（モンテス）がカリフォルニアに地保を築いており（いかにもカリフォルニアらしいカベルネ・ソーヴィニヨンのワインから始まった、シラーやピノ・ノワールといった、今風のラインナップを広げています）、日本でもブルゴーニュの有名ワイナリー（ドメーヌ・ド・モンテーユ）が北海道にワイナリーを開こうとしていることなど、ワインの世界地図の書き換えはダイナミックに進行しています。

つまり「旧世界」より古い産地が「新世界」より新しい産地としてグローバル市場に登場したり、「新世界」に「旧世界」の飛び地が出現したりして、「新世界」と「旧世界」の区別が時間的・空間的に攪乱《かくらん》されているばかりではなく、そのような攪乱状況をさらに横切る産地間の結びつきが増殖しているのが、ワインに映し出されたグローバリゼーションの現象面だということです。

そのような観点からすれば、一見するとこの十年足らずのあいだ、顔ぶれに変わりなく見えるワイン生産国のトップ一〇リストの裏側でもダイナミックな変化が進行していることがうかがわれます。フランスやイタリアの生産量が減少傾向にあるのは確かですが、EUの減反政策によって退場を余儀なくされている農家が多くある一方で、ブランド力のある生産者は「新世界」も含めた海外の産地へ積極的に進出しています。続くスペインは、一般には「旧世界」に属するものと扱われ、もちろんリオハなどの伝統産地を擁するワイン生産国ですが、他方でフランスはもとよりイタリアとくらべてさえ、産地の伝統の外側で新しいスタイルのワイン生産を盛んに展開しています。国別生産量で世界三位という位置こそ長らく変わりませんが、この十年ほどのあいだにも生産量が三〇〇〇万ヘクトリットルから四五〇〇万ヘクトリットルのあいだを激しく変動しているのは、そうした背景があるといえます。

こうしたスペインの状況は、いわばこれまで「旧世界」で一色に塗り分けられていた一つの国の中に「旧世界」と「新世界」――私の言葉づかいでもっと正確にいえば「新しい新世界」――が併存していることを示しています。そしてこうした状況は、程度の差こそあれ、イタリアやフランスのような、さらに「旧世界」色の濃い国にもみられます。フランス系品種への大胆な植えかえで一九九〇年代に一世を風靡し、今日すでに新しい暖簾を確立したトスカーナ州は、その嚆矢であったとみることもできますし、古典産地でブランドを確立した有名生産者が、南仏や南伊でディフュージョン的なワイン生産をおこなう例やワイン産業のアウトサイダーが実験的なワイン生産に乗り出して成功する例は枚挙にいとまがありません。

こうした「旧世界」に対して、いまや世界最大のワイン消費国となったアメリカがワイン生産国としても成長していることはすでに述べたとおりです。かつては、生産量の九割以上がカリフォルニア州に集中していましたが、徐々に多様化が進んできています。もちろん依然全体の八割以上を占めるカリフォルニア州の地位はおおきいものですが、同じ太平洋岸の北側に位置する国内二位のワシントン州と四位のオレゴン州はあわせて二〇〇万ヘクトリットル規模に達していますます。さらに注目されるのは、東海岸の動向で、二〇一四年にはついにニューヨーク州が国内三位にまで規模を拡大し、現在その生産量は一〇〇万ヘクトリットルを超えています。またヴァージニア州では、規模こそまだ小さいものの（とはいえ一〇万ヘクトリットルに手が届きそうな勢いです）、いわゆる自然派のワイン生産者が集まり始めており、まさにまた一つの「新しい新世界」の誕生を感じさせます。

五位以下の国々は、おおむね一〇〇〇万ヘクトリットル規模の生産国が一群をなしています。（おかしないい方ですが）古典的な「新世界」の生産国、特に、チリ、オーストラリア、南アフリカの三国は今世紀に入ってからおおきく生産を伸ばしており、「旧世界」の衰退と「新世界」の勃興」というストーリーの柱でもあります。国内市場がおおきくないこれらの国々のワイン産業は産官、産学の連携に支えられた輸出市場志向をおおきな特色としています。ワインの世界地図は、生産面だけではなく、消費面でもおおきく変動しているので、これらの国々は輸出先となる各国市場でのマーケティング事情にあわせた戦略をとらねばなりません。たとえば、オーストラリアの場合、今世紀に入ったころまでは、英語圏の市場を中心に比較的低価格帯でバリューなワインを売り込んできましたが、目下の課題は中国を中心とするアジア市場における付加価値の高いワインとしてのブランド認知です。当然それにあわせてつくられるワインのスタイルも変わってきています。（バリューだが画一的な）「オーストラリア・ワイン」という括りではなく、むしろ生産者の個性を押し出して多様性を強調する方向性です。こうした文脈の中で、これらの国々では、もはやスタイルとしての「新世界」ワインというものは過去のものになったといっていいでしょう。

市場の変化にあわせた生産構造の変化という点ではドイツも同様です。ドイツは総生産量の一五％程度が輸出で、大半が国内で消費されていますが、かつては甘口の白ワイン大国であったドイツでは、急速に辛口ワイン、赤ワインへの転換が進んでいます。輸出市場はもとより、国内市場における消費動向自体がグローバリゼーションのなかで変容していることをうかがわせます。

そしてワインの世界地図の書き換えの大きな重心となっている中国ですが、政府の強力な後押しを受けて、実はすでにブドウの作付け面積ではスペインに次いで二位にまでのぼりつめています。統計の質の問題もあり、中国のワイン産業の実態を見通すのは大変難しいのですが、一般に新興消費地では、市場の成長にともなって自国産ワインへの需要が高まるといわれており、中国におけるワイン生産の潜在的成長は小さくないとみられています。ワインと「ヨーロッパ」との結びつきは記号のレベルでは依然として強固ですが、新興消費地におけるワイン消費は、生活スタイルの全面的・一方的な欧米化というよりも、それぞれの社会の文脈におけるグローバリゼーションのなかで、さまざまなライフスタイルの組み合わせのなかに組み込まれて進行しており、それが自国におけるワイン生産へとつながっていきます。近年の日本における日本ワインブームも、まさにその一部だといえるでしょう。同じようなプロセスはたとえばカナダのような比較的以前からワインづくりが取り組まれていた国だけではなく(私も数年前に学会でトロントに出張したおり、現地でたまたま入ったレストランのワインリストにずらりとカナダ・ワインが並んでいるのを見て驚きました)、エチオピアのような国――エチオピアの高地の気候はもともと栽培適地で、非ムスリム人口が多いので国内市場もおおきいのです――でも顕著です。

「土地」から「マネーとテクノロジー」へ

このようにワインの世界はこの十年間、表面的には、これまでのベクトルの延長上にありながら、既存の境界を横断する「新しい新世界」的な地図の書き換えが進行していたということができるでしょう。ワインというと、伝統や文化といった、特定の土地に根を下ろして長い時間を持続するもの、変化を拒むものの力が強いものという印象をおもちの方は多いかもしれません。また実際、ワインのマーケティングにはそういう側面がしばしば強調されてもいます。しかし実際のワインの世界では、むしろそういった、いわば地図に投影された固定的な枠組みを横断し、不断に組み替えていくプロセスが着々と進んでいます。土地に下ろされた根を掘り起こして、新たな結びつきへと開かれるそのプロセスはまさにグローバリゼーションそのものです。

ではなにがそのようにワインを土地から掘り起こし、動かしているのかといえば、ある意味で身も蓋もない話ですが、それはマネーとテクノロジーということになるでしょう。

さきほど新興消費地では自国産ワインへの需要が高まると申しましたが、その前提にはまず輸入ワインを通じた市場の開拓があります。伝統的なワイン消費国においてワイン消費が減少している趨勢のなかで、グローバルなワインの生産規模が維持されているのは、これまでワインを飲まなかった社会でワインが飲まれるようになり、さらにそうしたこれまで年に数回しかワインを飲まなかった人々が月に数回ワインを飲むようになってきたからです。オーストラリアやチリのような「新世界」のワインはそうした市場への輸出に牽引《けんいん》されて成長を遂げました。またフランスやイタリアのような「旧世界」の伝統的な生産国――世界のワインの総輸出の半数以上は依然両国で占められています――も中国をはじめ、その販路をますます新興市場に求めています。世界のワイン貿易量の推移を、先の世界のワイン生産の推移とくらべてみれば、ワインがますます輸出のためにつくられるものとなっていることは一目瞭然です（図12参照）。

九年前の講義でもお話ししたとおり、ワインは日用品から奢侈《しゃし》品までかなりの距離のヒエラルキーを有する商品です。しかし少なくともヒエラルキーの下方を占める日用品は二〇世紀に入っても長い間、ローカルに生産され、ローカルに消費されるものでした。二〇世紀全のワインのグローバル化は、つくられたワインがグローバルに流通することよりも、ワインづくりの営みが距離を超えて伝えられる過程に比重がありました。もちろん一部の奢侈品としてのワインは距離を超えて商品として流通しましたが、その量的な割合は小さいものでした。

しかし、二〇世紀の末葉が近づくと、一方でワインのヒエラルキーの下方で、日用

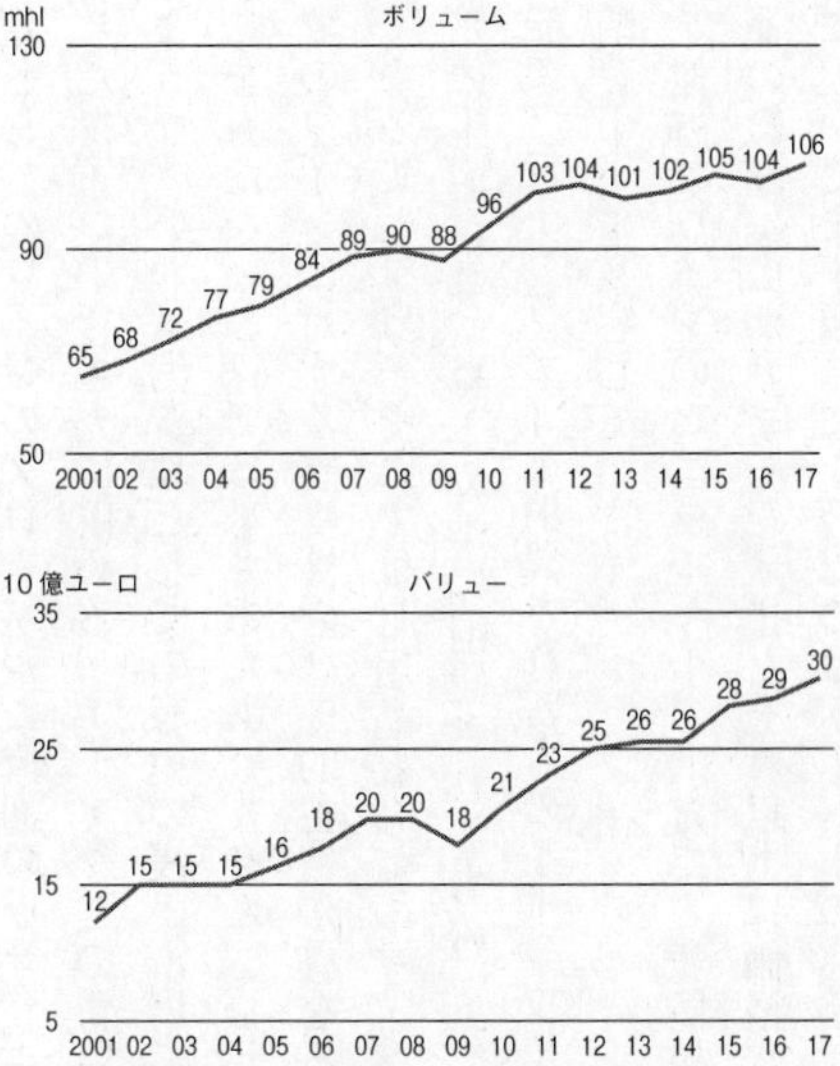

図12　世界のワイン貿易量の推移

品としてのワインのグローバルな流通のヴォリュームが飛躍的に高まりました。そうしたワインの行き先に占める、アジアなどの新興経済の比重は高まる一方です。そのような、いわば消費地としての歴史の浅い市場でも、ワインにおける産地の刻印が意味をもたないわけではもちろんありません。むしろそうした市場でこそ、モノの次元でのワインに対する感受性の歴史的蓄積が異なる分だけ、記号の次元での意味は大きくなるでしょう。そこでは日用品としてのワインも、すでに（モノの次元で）「ローカルに生産され、ローカルに消費されるもの」から、グローバルに流通し、（記号の次元で）ローカリティを消費されるもの——「ワインを取り入れたライフスタイル」の消費——に変容しています。

他方でワインのヒエラルキーの上方で、奢侈品として流通するワインについても流通の範囲は広がりました。またそれ以上に価格水準がおおきく上昇しました。今世紀に入ってまず顕著になったのはボルドーの銘醸ワインの高騰です。格付けのシステムが確立されており、ブランド価値が理解されやすいボルドーの高級ワインは、中国をはじめとする新興市場の富裕層からの需要が集中して、俗にいう「ミレニアム需要」に沸いた二〇〇〇年以降、急速に価格が上昇しました。メドックの格付け一級ワインは、一九九〇年代ならば日本での小売価格で一万円台がリリース直後の価格水準でしたが、二〇〇〇年代の後半には、一〇万円にせまるところまで上昇しました。まさに「ボルドーバブル」です。その後、ブルゴーニュやイタリアの銘醸ワインにも需要が分散し、現在はすこし落ち着いていますが、もはやメドック一級のワインを日本の小売市場において五万円以下で手に入れることは考えられなくなりました。

新興市場でのワインの需要の拡大が引き起こしているこうした変化の背後にあるのは、グローバル経済の金融化、もうすこしありていにいえば、世界経済におけるカネ余りです。第二次世界大戦後から三十年間、世界は「資本主義の黄金期」とよばれる持続的な経済の拡大期を経験しますが、一九七〇年代に曲がり角に入り、以来、世界経済は実体経済における投資のフロンティアの逼迫《ひっぱく》に構造的に苦しむようになりました。結果として、利潤率の低下に苦しんだ先進国の生産拠点が、労働力コストの安い途上国に移転され、アジアNIEsから始まる新興国の産業化と経済発展の連鎖につながっています。その結果、貧困から脱して中間階級化した人々が、グローバルに流通するワインの消費者となり、新たな富裕層が、ステイタス・シンボルとして、あるいは純粋に投資の対象として高級ワインを求めたことで、グローバルなワインの流通は拡大しました。このワイン貿易の拡大は、グローバルなマネーの動きにドライブされており、そのマネーの流動性・変動性が、先に述べたようにワインを土地から掘り起こす力となっています。貿易量の推移のグラフが数量ベースでも、また特に金額ベースでも、二〇〇八‐九年に大きくへこんでいるのは、いうまでもなく二〇〇八年のグローバル金融危機の影響です。英語で流動資産のことをリキッド・アセットといいますが、ワインはまさに液体の資産に接近しているといえます。それはグローバル化によって極限まで流動化を追求させられる液状的近代の鏡だといえるかもしれません。ワインを土地から掘り起こす力の一つであるマネーが、主に消費面からのストーリーだとすると、生産面でワインを土地から掘り起こしているのがテクノロジーです。九年前の講義でも基本的な事実として確認しましたが、植物としてのブドウそのものは、非常に生命力が強く、この地球上のかなり広い範囲にわたって栽培されています。また果皮に付着している酵母が果実中の果汁と接触すれば、そのままアルコール発酵が開始するので、要はブドウの実をつぶせばつくれるという意味で、ワインはきわめてある意味で粗放的なお酒でもあります。そういう意味ではブドウ、そしてワインは、グローバリゼーションに乗りやすいモノだということができます。

ピノ・ノワール、土地を遠く離れて

しかし他方、歴史のなかでワインは、それぞれの地域の文化と縒り合わされ、土壌や気候の条件の上に、品種の選択、栽培方法・醸造方法の発達、消費スタイルの形成や販路の構築があって現在のかたちに至っています。これも九年前の講義で何度も強調したとおり、それはいわゆるテロワール主義の言説がそう示唆するほど「土地」の条件によってあらかじめ決定されたものではなく、むしろ歴史的に構築されたものではありますが、特に近代以降の世界において「伝統」として実体化される傾向があり、特にヨーロッパにおいては、良くも悪くもそうして実体化されたワインの「伝統」が価値へと変換されてきました。ひらたくいえば、たとえば「ピノ・ノワールのおいしさはブルゴーニュの銘醸地でなければ表現されえない」という通念が成立していたわけです。もちろん、本講義の受講生のみなさんはすでによくご理解のとおり、実際にはブルゴーニュのテロワールなるものは、特定の社会的条件のもとで自然と人間の相互作用によって歴史的に構築されたものです。しかし、そうして確立された「ブルゴーニュのおいしさ」はただの共同幻想ではなく、リアルな品質であり、単に人々がテロワールの歴史的な構築性に気づくだけで雲散霧消するようなものではありません。事実、たとえばピノ・ノワールが生育環境を選ぶ「気難しい」生物学的特質をもった品種であることは間違いなく、いわゆる新世界で試みられてきたピノ・ノワールのワインづくりの試みは、長らく市場に評価されてきませんでした。私自身、しばしば一四度を超えるアルコール度で醸されていた新世界もののピノ・ノワールは口に合わず、長らく敬遠していたものです。

しかしテクノロジーの進歩は、土壌や気候といった自然の条件の制約を緩めました。ワインに関する技術知は、かなり最近まで公開性が低く、経験頼みの性格が強かったのですが、二〇世紀の後半以降、次第に外からの技術の導入が進みます。その流れに一つの大きな飛躍を与えたのも、産学連携を推進したカリフォルニア・ワインの成長から始まる「新世界」ワインでした。

そもそもテクノロジーには、人間による自然の制約の乗り越えという側面をもっています。大雑把にいって、一九七〇年代ごろまでのワイン産業における技術の導入は、収量と品質の安定を求めたものでした。つまりきちんと量が確保できて、傷みにくいワインをつくることが目的でした。それがフォーディズム時代のワイン産業に課せられた課題だったのです。そこでは技術はたしかに、伝統が表現してきた価値——土地に根差した味わい——を壊す側面があったといえるでしょう。テロワールを標榜する言説が、しばしば反テクノロジー的なレトリックを用い、技術ドリヴンなワインを画一的なワインとして非難するのは、その文脈ではあたらなくもありません。

ですが今日、ワインにおけるテクノロジーは、自然という障害に抗して安定供給をはかることをもはや目標とはしていない一方で、自然という制約を克服して人間の思うがままにデザインしたワインをつくることを志向しているわけでもありません。ただ、たとえばピノ・ノワールならピノ・ノワールという品種が、どういった条件でならその品種がもつポテンシャルをよく発揮するのか、栽培適地の見つけかた、風土やその年の気候によって栽培上要請される技法の工夫、醸造過程のより細かい管理やデータに基づく品質制御の技術などの知見が向上することで、市場に評価される酒質をもったピノ・ノワールが、かつてその品種にとって「約束の地」とされていた土地を遠く離れてつくられるようになったのです。

このような意味で技術の向上は、ワインを土地から掘り起こします。しかし、それは必ずしも世界中のどこででも同じワインがつくられるといったようなワインの画一化をもたらすものではありません。ここまで例に挙げてきたピノ・ノワールのワインの場合、オレゴンやニュージーランドなどいくつかの注目される新しい産地があるとしても、まだまだベンチマークとしてのブルゴーニュの地位は依然として卓越していますが、たとえばはやくから「新世界」での栽培が広がり、市場での成功を収めたソーヴィニヨン・ブラン種の場合、「本家」とみなされるロワールなり、あるいはセミヨン種とのブレンドを基本とするボルドーなりのスタイルとは異なるスタイルへの多様化が進みました。一九九〇年代には逆に、ニュージーランドのソーヴィニヨン・ブランが、むしろ国際市場におけるベンチマークの地位を確立するほどでした。すでに二〇〇〇年ごろのテキスト（米国ワインエデュケーター協会の公式テキスト）の記述では「ソーヴィニヨン・ブランは、他の多くのブドウと同様、栽培される地域によってさまざまな種類のワインとなります。ロワール地方のような石灰質土壌では、ピュアなレモングラスや火打石の香り、ボルドー地方のような砂利質土壌では、オレガノ、タイム、タラゴンのようなハーブ香、ニュージーランドのような泥灰岩土壌では、一面にピンク・グレープフルーツの香りが広がり、カリフォルニアのような肥沃な土壌と温暖な気候のもとでは、いちじくやメロンの香りが出ます」とあり、やや土壌決定論的な記述ながら、品種流通のグローバリゼーションがスタイルの多様化をもたらした事実を切り取っています。しかもこのテキストのあとには、さらにチリや北イタリアなどへと、ソーヴィニヨン・ブラン種の個性をもった生産地域は拡大しています。

考えてみれば、規格化された工業製品でさえ、生産される地域や工場によって微妙なモノとしての質感の差はあります。まして地形や土壌や気候に大きく左右されるワインにおいて完全な画一化など現実的に不可能といったほうがよいでしょう。技術による土地からの掘り起こしは、自然の克服ではなく、それぞれの環境への適応の支援というべきものです。重要なことは、その適応の過程こそが、それこそ表現としてのワインにとって創造的だということです。だからこそ、土地から掘り起こされて「本家」から遠く離れてつくられるワインは、単なるブルゴーニュやボルドーのコピーではなく、新たな解釈によるワインとして国際市場で評価されるのです。そしてその新しい解釈が「本家」のワインづくりにさらに影響を与え、「伝統」は進化──社会学的には「不断の再構築」といってもよいでしょう──します。そのことは、ここでの例示の流れでいえば、たとえばロワールにおけるサンセールの銘醸家であるアンリ・ブルジョワがニュージーランドで醸すクロ・アンリや、ブルゴーニュの老舗であるジョゼフ・ドルーアンがオレゴン進出してドメーヌ・ドルーアン・オレゴンを成功させているような事例を通じて象徴的に示されています。

人間中心主義の相対化

さてワインの土地からの掘り起こし──ふたたび社会学的にいえば「脱埋め込み」──について、マネーが駆動するワイン消費のグローバリゼーションとテクノロジーが駆動するワイン生産のグローバリゼーションについて述べてきました。もちろんマネーが生産面（設備投資、他業種からの参入）、テクノロジーが消費面（流通の進歩）におよぼす影響もありますが、この補講ではもはや論じる余裕がありません。いずれにせよ、この二つがワインのグローバリゼーションの強力な駆動力であることに変わりはありません。そしてその力がワインに与える力の強さ、影響の大きさは、この十年のあいだに強まったように思われます。つまりその分だけワインの世界の変化が激しく揺さぶられるようになったということです。

そのことを踏まえて、補講の締めくくりとして、モノとしてのワインについて、もう一度論じておきたいと思います。冒頭にお話ししたように、九年前の講義では、私は比較的単純にモノとしてのワインと記号としてのワインを対比し、情報化がワインの記号的側面を肥大化させていることを指摘したうえで、モノとしてのワインの価値に開かれる経験の共有を通じて、ワインにかかわる人間のあいだの社会的関係はより健全になり、消費者の立場からすれば、ワインは端的にもっと楽しく飲めるようになるという趣旨のことを述べました。

そう述べた背後にある私の基本的な立場——モノがもつ発信力を高め、モノからの発信力に対する感受性を高めること——は今も変わりません。ですが今日私は、九年前にそうできたほど、記号とモノとを簡単に区別できるふりをして語ることはできないように感じています。

九年前の講義で私が「記号」として語っていたものは、具体的には、パーカー・ポイントであったり、メディアがつくるスター生産者の名前だったりといったワインにマーケティング的に付加価値を与える情報でした。そういったマーケティング的な情報に私たちが踊らされる側面が今日なくなったどころか、ある意味では情報化の進展でますます巧妙になっていることは確認しておくべきでしょう。ステルス・マーケティングのような問題はワインにも当然ありますし、いわゆるフィルター・バブルによって、消費者は、自らの行動履歴から自分向けにカスタマイズされた情報空間上で最適化されたワイン広告に包囲されています。

ですが、ワインにおける記号の側面をそこに限定して捉えることはカリカチュアだといわざるを得ません。インスタ映えのためだけに買われ、飲まずに捨てられるといったようなケースの存在を否定はできませんが、購買行動自体は情報の世界で完結していたとしても、ワインは最終的には飲まれることで価値が実現するプロダクトです。その「飲む」という経験の質に情報が影響を与えることは確かであるにしても、それを情報に還元することはできません。他方で、そうした情報の媒介なしの純粋なモノとの対峙が可能かといえば、そんなことは、たとえば禅のようなある種の精神的修行の果てに哲学的には可能かもしれませんが、現実的にはほとんど不可能ですし、ここまで情報環境が発達した世界においてはますます意味のないことだというほかないでしょう。つまりリアリティは記号とモノのあいだの相互作用、あえていえば「解釈」に存在するということです。注意していただきたいのは、ここで解釈といったからといって、泥水が極上の味わいに変わるわけではないということです。そこには物質性があります。ただ、その物質性のそもそもの前提に、人間と自然の相互作用がすでに織り込まれていることを申し上げたいのです。

記号とモノとを単純に対比する考え方の背後には、記号を人間が好きなように操作できる領域として、モノをそういった人間による製作や操作の外側にある所与として捉える発想、つまり人間と自然、あるいは社会と自然とを存在論的に分割する発想があります。そうした発想の延長線上で、ワインにおける記号の肥大化を危惧する言説には、二重の意味で人間中心主義的鈍感さがあるように思われます。すなわちまず一方で、人間が好きなように操作できる記号の領域が完全にモノを消去してしまうという想定における人間の力の過大評価に鈍感であること、そしてもう一方でそもそもモノがそのモノであるようなかたちで存在しているこの世界の諸々のモノのネットワークのなかに人間も当然入っているということへの鈍感さです。すこしエキセントリックないい方になるかもしれませんが、ブドウがこれほど世界中に存在しているのは、一面ではもちろん人間が栽培しているからではありますが、見方を変えれば、それがワインになるというような仕方で人間にとって有用であることによって、むしろブドウが人間を使役して進化的適応を遂げたからでもあります。そこには互いが互いにとって環境であるような対称性があることが、人間中心主義的な見方では覆い隠されてしまうのです。

情報化の進展は、もちろんIoT的なテクノロジーを通じて、ブドウをつくる圃場《ほじょう》やワインを醸造する現場のあり方をごく直接的なかたちでも変えつつあります。しかしそうした技術革新による効率化や合理化よりも深い次元で生じているのは、人間の意図や操作ではないかたちで、ネットワーク上のつながりのなかで人間を含む諸々のモノの相互作用が多様にフィードバックされて、ワインというモノのあり方を変えていく可能性の現実化です。この意味で情報化は、ワインの世界において人間中心主義の相対化——あるいは極論すればそもそもワインの世界の中心に人間などいなかったことの再確認——を促すことになるでしょう。それは、ワインの世界において、人間が受け身になることを意味するわけではありません。むしろ、人間中心的なパースペクティブでは後景化させられていた多様な可能性へとワインを開く創造の契機と受け止めるべきことだと私は考えます。ゆえにやはり九年前「モノがもつ発信力を高め、モノからの発信力に対する感受性を高める」と述べた結論に変わりはありません。ただ一点、そこで発信力や受信力を高めるのは人間——もっと正確にいえば記号を操作して世界を製作する人間——という特権的な主体ではなく、人間を含む諸々のモノのあいだの相互作用のかたちで現実化するさまざまな「解釈」そのものだということを、この補講では付け加えたいと思います。九年ぶりの登壇ですこし話が長くなってしまいました。最後まで聴いてくださってありがとうございます。この講義が、みなさんとワインとの関係がより創造的なものとなるきっかけとなれば本当にうれしく思います。

あとがき

ＮＴＴ出版の今井章博さんが、私の研究室に見えられたのは、私が立命館大学に着任して間もない頃だったと記憶しています。なにかのついでといったような、さりげない様子で見えられ、年下の私がいうのもはばかられますが、たいへん人懐こいお人柄に接して、ついこちらも口が軽くなり、「ワインを切り口にしてグローバリゼーションを論ずるような本が書いてみたい」と口走ってしまいました。決して思いつきでいったことではありませんでしたが、今井さんがその場で「ぜひ書いてください」と応じられたのには、内心少々面食らいました。それから二年あまりを経て、ようやくどうにか果たした約束が、この本です。

本書の成り立ちの発端になっているのは、私が北海道大学に奉職していたころに担当していた「ワインから見たグローバリゼーション」という講義です。私の本職は、歴史社会学、特に世界システム論をベースとしたマクロな歴史社会学です。対象がおおきく、話も抽象的になりがちなので、学部生向けの講義の水準ではなかなか「伝わる」授業をすることが難しく、なにか良い工夫はないかと思案するなかで思いついたのが、「ワインというモノから見る」という方法でした。もちろんワインが好きで思いついたことでしたが、授業に使うということで、多少トレーニングも積んで日本ソムリエ協会のワイン・エキスパート資格と米国ワイン・エデュケーター協会の認定スペシャリスト・オブ・ワイン資格をとり、二年ほどの準備を経て講義を始めました。

幸い、学生の評判は悪くなかったようで、少々調子に乗った私は、ワインとグローバリゼーションを自分の研究テーマの端のほうに加えるようになりました。もとよりグローバリゼーションは多くの社会科学者の関心ですし、ワインの専門家も大勢いらっしゃいます。しかし、社会科学のアプローチでワインとグローバリゼーションというテーマに正面から取り組まれる方は日本には意外と少なかったようで、私はどうやらちょっとしたニッチに入った格好になり、新聞の書評やテレビといったメディアでも、ワインについて書いたりしゃべったりする機会をいただくことになりました。

おかげで、私の書評をお読みになったり、私の出た番組をご覧になったりといったことがさらにきっかけとなって、ワインとグローバリゼーションに関する講演などの依頼も舞い込むようになりました。この二年あまりほどのあいだにワイン学校、ワインの業界団体、ワイン関連の企業、教養講座など、さまざまな場所でお話をさせていただきました。そういったところでお話しした内容も、本書には盛り込まれています。

このような経緯で書かれた本ですので、本書は大学の講義調で書かれてはいますが、実際にこのとおりの授業がどこかでおこなわれたわけではありません。したがってその講義録だというわけでもありません。北海道大学での授業とほうぼうでの講演をベースにして書き下ろした架空の「講義」です。基本的に、特にワインに詳しくなくとも、モノの観点からのグローバリゼーション論入門として読めるように書いたつもりですが、もしワインにお詳しい方、特別な関心をお寄せの方が、「社会科学者の目には現在のワインの世界がどのように見えているのか」というふうに読んでくださることがあったならば、たいへんうれしく思います。

本書の実際の編集作業は、NTT出版の永田透さんが担当してくださいました。永田さんは、遅筆なうえに怠惰な私に実に辛抱強く寄り添ってくださり、本書を完成まで導いてくださいました。特に発行日が確定してからというもの、時間とのたたかいにはかなり苦しみましたが、おかげで前向きな気持ちで書きつづけることができました。ぎりぎりまでご迷惑をおかけしましたが、感謝の気持ちでいっぱいです。

本書を書くに至るまでには、実に多くの方々との幸運な出会いがありました。まず私の「ワインから見たグローバリゼーション」の授業を聴いてくれた北海道大学文学部の学生諸君、そして私のいくつかの「実験」に協力してくれた立命館大学の私のゼミ生諸君に感謝します。

またワインの世界における私の三人の「師匠」、宮沢智先生、遠藤誠先生、佐々木美津子先生にもおおいに感謝しています。特に遠藤先生には、貴重な機会を惜しみなくご提供くださり、くわえて折に触れ、ワインと向き合う際のモラルについてもお諭しくださいました。

札幌時代にはワイン仲間にもおおいに恵まれました。ひとりひとりお名前を挙げるのは控えますが、ワインがコミュニケーション・メディアであるということを最初に実感したのは、まさにこのみなさんとの交歓を通じてでした。

本書のアイデアを今井さんにお話ししたあとも、はたしてワインとグローバリゼーションというテーマに、単に授業上の工夫という以上の社会的な需要があるのか、あまり強い確信はありませんでした。しかし、アカデミー・デュ・ヴァン東京校の立花峰夫先生、ヴィノテークの有坂芙美子さん、日本ソムリエ協会東北支部の紺野節夫さん、（株）エスポアの堀江護さん、シノドスの芹沢一也さん、（株）マスダの三宅司さん、京都新聞の永澄憲史さん、そのほか多くの方々が、私の仕事に機会と励ましをくださり、そのことが私の背中を押してくれました。

またアカデミー・デュ・ヴァン東京校での連続講義「ワインで語るグローバリゼーション」の受講者のみなさん、シノドスでの講演「グラスのなかの〈帝国〉」に参加してくださったみなさん、そのほか私の講演を聴いてくださった多くの聴衆のみなさんからは貴重なフィードバックを頂戴しました。

本書は、おおむね今年の八月上旬から九月下旬にかけて、一気に書いたものです。この期間、私の家族、特に妻には大きな負担を強いてしまいました。妻の協力がなければ、本書は決して書き終えられなかったでしょう。ほんとうにありがとう。

山下範久

二〇〇九年九月

注

第一部

第一講

(1) 厳密にいえば、それはドアのこちら側が部屋の「外側」で向こう側が部屋の「内側」だという認知を前提としているので、特定のドアの取っ手の形態がその認知に影響していることも考慮しなければなりませんが。

第三講

(1) 中世ヨーロッパの成立を八世紀のイスラム勢力による地中海制覇の結果ととらえ、古代地中海文化と中世文化の断絶を強調する学説。端的に「マホメットなくして、シャルルマーニュなし」と表現される。

(2) ワインに表現されるブドウ畑の個性のこと。この言葉の背後には、より細分化された個性が繊細に表現されたワインのほうが良いワインであり、したがってそのように表現される個性をもった微細な風土的差異こそがワインの本質であるとする発想がある。

第四講

(1) 「どこかのポイント」とは、酵母がブドウ果汁の糖をアルコールに分解し始める前から、果汁中のすべての糖を分解し終わるまでのどこかのポイントを指します。当然ですが、早くブランデーを加えれば加えるほど、果汁中の糖はそのまま残るので甘口に仕上がります。逆に酵母が果汁中のすべての糖をアルコールに変えたあとにブランデーを添加する場合は辛口に仕上がります。

(2)ヨーロッパからアフリカへ銃器や酒類、雑多な雑貨をもっていき、そこでそれらを元手に奴隷を購入ないしは略取し、その奴隷をつれて西インドへ向かい、現地のサトウキビ・プランテーションに奴隷を売却、砂糖や糖蜜をはじめ西インドや新大陸の産品を購入してヨーロッパにもどることで完結する貿易のこと。

(3)したがって通常、シャンパーニュにはヴィンテージ(生産年)が表示されていません。ただ例外的に作柄の良い年には、単一年のブドウだけを原料にシャンパーニュがつくられる場合もあります。そのようなシャンパーニュは、「ミレジム」と呼ばれ、年号が表示されており、格上とされます。

(4)シェリーの樽熟成方法のこと。樽を横積みにして数段に重ねて熟成し、瓶詰めに際しては、最下段の樽から三分の一ほどを抜き取り、その分を一つ上の段から順に補充していき、最上段の樽は新酒で補充する。熟成とブレンドが同時におこなえるしくみです。

(5)シェリーで特にフィノとよばれるタイプをつくる際に、樽熟成の過程で繁殖させる産膜酵母のこと。このタイプのシェリーは軽快で快いナッツ香が特徴のワインに仕上がります。

第五講

(1)アルコール発酵後のワインは本来不安定なものです。それは一つにはワイン中に存在する微生物の活動によるものであり、いま一つにはワイン中に含まれる色素、タンニン、酸のほか、何百種類もの自然有機化合物が物質として不安定なものだからです。ただ酸素に触れなければ、微生物の活動は抑えられ、また自然有機化合物の化学的変性もほとんどは酸素を必要とします。逆にいえば瓶詰めされたワインは最初にワインに溶け込んでいた酸素を使い切ると、そのあとは無酸素状態（還元状態とよびます）に置かれ、きわめて限定的でゆっくりとした、一種の微調整的変化しか起こらなくなるのです。瓶内熟成とは、この微調整的変化がワインの質を高めることをいうわけです。

（2）化学的に厳密にいうと、タンニンと呼ばれる物質は、フラボノイド、カテキン、ケルセチン、リスベラトロールなど多岐にわたります。

（3）一九九七年頃の日本におけるいわゆる第五次ワインブームで、「ワインが健康に良い」とされたのは、このポリフェノールが心疾患や脳梗塞などのリスクを下げる可能性が取りざたされたからでした。フランス人は動物性脂肪の摂取量が高いのに心臓病が少ないのはなぜか、という問題から出てきた説なので、俗に「フレンチ・パラドックス」とも呼ばれます。

（4）その生育域は、ユーラシア大陸の温帯域と半乾燥帯域全般に及ぶので、前章までの議論に照らせば「ヨーロッパ系」というのは、それこそヨーロッパ中心主義的な呼称ではありますが、ここでその議論を蒸し返すことはやめておきましょう。およそなにかを分類することには、その分類を俯《ふ》瞰《かん》する視点というものがどうしても必要になるものです。その意味では、分類学的な知自体が、なんらかの中心主義を不可避にするともいえるでしょう。

（5）昨年（二〇〇八年）に、イタリアのトスカーナ地方の高級指定産地名称であるブルネロ・ディ・モンタルチーノのトップ生産者のワイン数種が、規定のブドウ品種以外のブドウを混醸していると して、当局に摘発されたニュースは記憶に新しいところです。

（1）厳密にいうと、「ブラインド」試飲には、試飲するワインの銘柄リストは明かすが、どのボトルがどれかは明かさずに試飲するシングル・ブラインドと、試飲するワインのリストも明かさないダブル・ブラインドの二つの方法があります。パリ試飲会事件では、試飲するワインのリストは明かされませんでしたが、フランス・ワインとカリフォルニア・ワインの飲み比べをするとは明かしているので、不完全なダブル・ブラインドの試飲だったということになります。

（2）その歴史的背景としては、禁酒法があったとされています。一九三三年から一三年と一〇カ月にわたって施行された禁酒法（アメリカ合衆国憲法修正第一八条）は飲用アルコールの製造と販売を禁止したため、この時期にカリフォルニアのワイン産業は壊滅的な打撃を受けました。禁酒法の廃止後、ワイン産業の復興のために、産学連携が強く促されたのです。

（3）シラー種のブドウは、旧世界ではシラー（Syrah）、新世界ではシラーズ（Shiraz）とよばれることが多いです。

第七講

（1）後述のヒュー・ジョンソンの言葉です。

（2）ちなみにこれ、私が勝手につくったパロディではなく、本文で前述のアンドレ・シモンが若いシャトー・マルゴーを評した実際の表現です。

第八講

（1）アメリカの大ワイン資本であるモンダヴィ社が南仏に進出する計画に際して、ギベールは、反グローバリズムの立場にたって強硬に反対しました。

第九講

(1) この意味でテロワールを「むき出しの物理的多様性」と捉える、自己肯定の文化の発想は、自然と文化の二分法の文脈では、いわば「文化否定の文化」という純粋否定的なロジックに接近していきます。たしかにテロワールを掲げて、「人工的なワイン」を批判するロジックは、つきつめればそもそも酒を醸すという行為の人為性をも否定しかねません。

(2) もうすこし丁寧にいえば、前者は典型的に近代的なワイン、後者はその典型的な近代的なワインを前提としてのみ意味をもつその裏返しとしての(反近代的な)近代的ワインということになります。

第三部

第十講

(1)「オッカムの剃刀」とは、一四世紀の神学者・哲学者であるウィリアム・オブ・オッカムの言葉「少数の論理でよい場合は多数の論理をたててはいけない」に由来し、同じくらいうまくリアリティを説明する論理がある場合は、より単純なほうがすぐれているという、思考の原理的指針を指す言葉です。

第十一講

(1) 正確にはカルヴァドス、ウール、マンシュ、オルヌ、セーヌ、マリティームの各県でつくられたものだけが、カマンベール・ド・ノルマンディを名乗ることができます。

(2) 念のためいえば、「無」と「存在」の区別と、おいしさとの間にも本質的な関係はありません。きわめて美味な「無」もあれば、決しておいしくはない「存在」もあります。ドンペリは、ある種のブランド・イメージが強すぎて忌避する人も多いのですが、素直に飲めばおいしいシャンパーニュです。高いですが（日本では特に）。
(3) その裏面には、特に「旧世界」において、そのような欲望を引き出す演出に失敗した（ないしはそのような演出の必要性を認識しえなかった）生産者の退場の危機があります。

第十二講

(1) カレラ・ジェンセンは、カリフォルニアのワイナリーであるカレラ・ワイン・カンパニーのフラッグシップ・ワイン。創業者で現オーナーのジョシュ・ジェンセンは、ブルゴーニュのドメーヌ・ド・ラ・ロマネ・コンティおよびドメーヌ・デュジャックで修業ののち、ロマネ・コンティを理想として、カリフォルニアにピノ・ノワールの栽培に適した土地を十二年もの歳月をかけ、人工衛星まで動員して探し出したエピソードで有名。
(2) ただし私はメディアの発達が生む逆説的な自己隔離傾向は、人間が無限に他者に開かれるわけにはいかない以上、むしろある程度までは必要な防衛機制だと思います。

主要参考文献

麻井宇介『ワインづくりの思想』中公新書、二〇〇一年
明比淑子『シェリー、ポート、マデイラの本』小学館、二〇〇二年
ジョン・アーリ『社会を越える社会学』吉原直樹監訳、法政大学出版会、二〇〇六年
ジョン・アーリ『観光のまなざし』加太宏邦訳、法政大学出版会、一九九五年
石井淳蔵『マーケティングの神話』岩波現代文庫、二〇〇四年
イマニュエル・ウォーラーステイン『近代世界システムⅠ・Ⅱ』川北稔訳、岩波書店（岩波モダンクラシックス）二〇〇六年
ウィリアム・エチクソン『スキャンダラスなボルドーワイン』立花峰夫訳、ヴィノテーク、二〇〇六年
ジルベール・ガリエ『ワインの文化史』八木尚子訳、筑摩書房、二〇〇四年
アンソニー・ギデンズ『近代とはいかなる時代か？——モダニティの帰結』松尾精文他訳、而立書房、一九九三年
ジェイミー・グッド『ワインの科学』梶山あゆみ訳、河出書房新社、二〇〇八年
ドン・クラドストラップ、ペティ・クラドストラップ『シャンパン歴史物語——その栄光と受難』平田紀之訳、白水社、二〇〇七年
マット・クレイマー『イタリアワインがわかる』阿部秀司訳、白水社、二〇〇九年

アルフレッド・クロスビー『ヨーロッパ帝国主義の謎』佐々木昭夫訳、岩波書店、一九九八年
鴻巣友季子『カーヴの隅の本棚』文藝春秋、二〇〇八年
ジャン＝フランソワ・ゴーティエ『ワインの文化史』八木尚子訳、文庫クセジュ、一九九八年
鈴木孝寿『スペイン・ワインの愉しみ』新評論、二〇〇四年
マンフレッド・スティーガー『グローバリゼーション』櫻井公人他訳、岩波書店、二〇〇五年
関根彰『ワイン造りのはなし』技報堂出版、一九九九年
角山榮『茶の世界史』中公新書、一九八〇年
ロジェ・ディオン『ワインと風土』福田育弘訳、人文書院、一九九七年
ロジェ・ディオン『フランスワイン文化史全書』福田育弘他訳、国書刊行会、二〇〇一年
ジョージ・M・テイバー『パリスの審判　カリフォルニア・ワインVS.フランス・ワイン』葉山考太郎、山本侑貴子訳、日経BP社、二〇〇七年
マルク・ド・ヴィリエ『ロマネ・コンティに挑む――カレラ・ワイナリーの物語』松元寛樹、作田直子訳、阪急コミュニケーションズ、二〇〇〇年
ミシェル・ドゥプロスト『ボージョレの真実』吉田春美訳、河出書房新社、二〇〇六年
富永敬俊『きいろの香り』フレグランスジャーナル社、二〇〇三年
オリビエ・トレス『ワイン・ウォーズ：モンダヴィ事件――グローバリゼーションとテロワール』亀井克之訳、関西大学出版部、二〇〇九年
日本ソムリエ協会『日本ソムリエ協会』（二〇〇九年版）
デヴィッド・ハーヴェイ『ポストモダニティの条件』吉原直樹監訳、青木書店、一九九九年

葉山考太郎『偏愛ワイン録』講談社、二〇〇六年
アンリ・ピレンヌ『ヨーロッパ世界の誕生』中村宏、佐々木克巳訳、創文社、一九六〇年
クリストファー・フィールデン、ミヨコ・スティーブンソン『上級ワイン教本』遠田敬子訳、柴田書店、一九九九年
フェルナン・ブローデル『地中海』(全五巻)浜名優美訳、藤原書店、二〇〇四年
ウルリヒ・ベック『危険社会』東廉他訳、法政大学出版会、一九九八年
ウルリッヒ・ベック『グローバル化の社会学』木前利秋他訳、国文社、二〇〇五年
堀賢一『ワインの自由』集英社、一九九八年
堀賢一『ワインの個性』SBクリエイティブ、二〇〇七年
パトリック・マシューズ『ほんとうのワイン――自然なワイン造り再発見』立花峰夫訳、白水社、二〇〇四年
エリン・マッコイ『ワインの帝王　ロバート・パーカー』立花峰夫、立花洋太訳、白水社、二〇〇六年
松原隆一郎『消費資本主義のゆくえ』ちくま新書、二〇〇〇年
シドニー・ミンツ『甘さと権力』川北稔他訳、平凡社、一九八八年
山田健『現代ワインの挑戦者たち』新潮社、二〇〇四年
山本昭彦『ボルドー・バブル崩壊』講談社+α新書、二〇〇九年
マルセル・ラシヴェール『ワインをつくる人々』幸田礼雅訳、新評論、二〇〇一年
ブルーノ・ラトゥール『虚構の「近代」』川村久美子訳、新評論、二〇〇八年

ジェラール・リジェ＝ベレール『シャンパン 泡の科学』立花峰夫訳、白水社、二〇〇七年
ジョージ・リッツア『マクドナルド化する社会』正岡寛司訳、早稲田大学出版部、一九九九年
ジョージ・リッツア『無のグローバル化』正岡寛司監訳、明石書店、二〇〇五年

Baldy, M. W. *The University Wine Course: A Wine Appreciation Text & Self Tutorial*, Wine Appreciation Guild, 1993.

Bird, D. *Understanding Wine Technology: A Book for the Non-scientist that Explains the Science of Winemaking*, Wine Appreciation Guild, 2005.

Colman, T. *Wine Politics: How Governments, Environmentalists, Mobsters, and Critics Influence the Wines We Drink*, University of California Press, 2008.

Feiring, A. *The Battle for Wine and Love: or How I Saved the World from Parkerization*, Mariner Books, 2009.

Hall, C. M., L. Sharpes, B. Cambourne and N. Macionis, *Wine Tourism around the World*, Butterworth-Heinemann, 2000.

Halliday, J. and H. Johnson, *The Art and Science of Wine*, Firefly Books, 2007.

Harley, J. B. and D. Woodward (eds.), *The History of Cartography: Cartography in Prehistoric, Ancient and Medieval Europe and the Mediterranean* (Vol. 1), University of Chicago Press, 1987.

Harvey, D. *Grape Britain*, Neil Wilson Publishing, 2008.

Johnson, H. *The Story of Wine*, Mitchell Beazley, 2004.

Johnson, H. and J. Robinson, *The World Atlas of Wine* (6th ed.), Mitchell Beazley, 2007.
Paul, H. W. *Science, Vine and Wine in Modern France*, Cambridge University Press, 1996.
Peynaud, E. *Knowing and Making Wine*, (trans. A. Spenser), Wiley-Interscience, 1984.
Peynaud, E. *The Taste of Wine: The Art and Science of Wine Appreciation*, (trans. Michael Schuster), Macdonald Orbis, 1996.
Pinney, T. *A History of Wine in America: From Prohibition to the Present*, University of California Press, 1989.
Robinson, J. *Vines, Grapes, and Wines*, Mitchell Beazley, 1992.
Robinson, J. *The Oxford Companion to Wine* (3rd ed.), Oxford University Press, 2006.
Wilson, J. E. *Terroir*, University of California Press, 1999.
Winkler, A., J. A. Cook, and W. M. Kliewer, *General Viticulture*, University of California Press, 1974.

本書は『ワインで考えるグローバリゼーション』として
二〇〇九年一〇月にNTT出版より刊行された。

文庫版あとがき

本書は私が九年前に書いた『ワインで考えるグローバリゼーション』の文庫化です。私はあいもかわらずワインを飲むこと、ワインについて読むことが大好きですが、勤め先の大学での仕事が少々忙しくなり、ここ数年ワインについて書くことはほとんどありませんでした。そもそも著作が文庫化されるといったようなことが、自分のような雑駁な研究者に起こるなどと夢想だにしていなかったので、筑摩書房の永田士郎さんからお話を頂戴した時は、本当に驚きました。感謝の一語に尽きます。「ワインについての本も書いているんですよ」と紹介されたり、自己紹介のタネにしたりすることで、この本は私の乏しい社交力をずいぶん補ってくれました。また多くの出会いを取り持ってもくれました。本書に関連してお礼を申し上げたい方はたくさんいらっしゃるのですが、与えられた紙幅ではひとりひとりお名前を挙げることができません。感謝の気持ちだけをここに記しておきたいと思います。

文庫化にあたっての編集作業は、本書の生みの親である今井章博さんが担当してくださいました。つくづく恵まれた本だと思います。ありがとうございました。

二〇一八年九月

ちくま文庫

教養《きょうよう》としてのワインの世《せ》界史《かいし》

二〇一八年十一月十日　第一刷発行

著者　山下範久（やました・のりひさ）

発行者　喜入冬子
発行所　株式会社　筑摩書房
東京都台東区蔵前二―五―三　〒一一一―八七五五
電話番号　〇三―五六八七―二六〇一（代表）
装幀者　安野光雅
印刷所　株式会社精興社
製本所　株式会社積信堂

乱丁・落丁本の場合は、送料小社負担でお取り替えいたします。
本書をコピー、スキャニング等の方法により無許諾で複製することは、法令に規定された場合を除いて禁止されています。請負業者等の第三者によるデジタル化は一切認められていませんので、ご注意ください。
© NORIHISA YAMASHITA 2018 Printed in Japan
ISBN978-4-480-43548-4　C0122